W. von der Marck

Fossile Fische, Krebse und Pflanzen

aus dem Plattenkalke der jüngsten Kreide in Westphalen

W. von der Marck

Fossile Fische, Krebse und Pflanzen
aus dem Plattenkalke der jüngsten Kreide in Westphalen

ISBN/EAN: 9783741171758

Hergestellt in Europa, USA, Kanada, Australien, Japan

Cover: Foto ©berggeist007 / pixelio.de

Manufactured and distributed by brebook publishing software
(www.brebook.com)

W. von der Marck

Fossile Fische, Krebse und Pflanzen

Fossile

Fische, Krebse und Pflanzen

aus dem

Plattenkalk der jüngsten Kreide in Westphalen.

Von

Dr. W. von der Marck.

Taf. I—XIV.

Wenn ich hiemit eine Beschreibung der fossilen Fische, Krebse und Pflanzen aus der jüngsten Kreide-Ablagerung in Westphalen der Oeffentlichkeit übergebe, so fühle ich mich zunächst gedrungen, diese Arbeit einer nachsichtsvollen Aufnahme zu empfehlen. Dem Fachgenossen ist es zur Genüge bekannt, wie unentbehrlich bei solchen Untersuchungen vollständigere Sammlungen von lebenden wie von fossilen Fischen sind, und dass die richtige Bestimmung versteinerter Fische durch Vergleichung mit den Skeleten lebender ungemein erleichtert wird. Entfernt von grösseren Museen, war ich fast nur auf das dürftige Material meiner eigenen Sammlung beschränkt. Die fossilen Fische des Museums zu Münster, deren Benutzung mir freundlichst gestattet war, konnten diese Lücke nicht ausfüllen, da die von Professor Becks gesammelten Exemplare sich grossentheils dort nicht mehr vorfinden. Ein vielleicht noch grösserer Theil der von Agassiz aus den Baumbergen bei Münster beschriebenen Fische ging mit der Sammlung des Grafen zu Münster nach München über, und blieb mir, durch meine Geschäfte auf die nächste Umgebung meines Wohnortes angewiesen, ebenfalls unzugänglich. Nicht minder hatte ich den Mangel umfassender literärischer Hülfsmittel zu beklagen, von denen mir nur eine geringe Anzahl zur Benutzung geboten war.

Eine grosse Schwierigkeit endlich war die Herstellung der Abbildungen. Da ich keine Gelegenheit fand, sie einem tüchtigen Zeichner zu übertragen, so blieb mir nichts anderes übrig, als mich an der Anfertigung derselben selbst zu versuchen. Unerfahren im Zeichnen, habe ich die Gegenstände so gut es gehen wollte schmucklos wiedergegeben.

Die Bearbeitung der Krebse hat Herr Berg-Exspectant Cl. Schlüter, derzeit in Breslau, übernommen; sie bildet einen Theil seiner grösseren Arbeit über die Krebse der Westphälischen Kreide. Auch die dazu gehörigen Abbildungen sind von Herrn Schlüter angefertigt.

Die abgebildeten und beschriebenen Versteinerungen befinden sich, wenn es nicht ausdrücklich anders angegeben ist, in meiner seit zehn Jahren angelegten Sammlung Westphälischer Kreide-Versteinerungen. Einen grossen Theil der Versteinerungen aus dem Plattenkalke von Sendenhorst verdanke ich der Güte des dortigen Herrn Apotheker König, durch dessen nunmehr in meinen Besitz übergegangene Sammlung Herr Fr. Römer zuerst auf die reiche Fundstelle von Sendenhorst aufmerksam wurde.

Ist auch die Gegend, woraus das Material zu vorliegender Arbeit herrührt, nur von geringem Umfang, so bietet sie doch einen seltenen Reichthum an Formen dar, und zwar an solchen, welche die Kreidebildungen anderer Länder bisher nicht geliefert haben und überdies durch ihre Aehnlichkeit mit Formen aus den ältesten Tertiär-Schichten überraschen müssen.

Die nächste Umgebung der im Kreise Beckum, Regierungsbezirk Münster, gelegenen Stadt Sendenhorst enthält die Fundstellen der zu beschreibenden Versteinerungen, von denen ein nicht geringer Theil auch noch an einer anderen Stelle des sogenannten Kreide-Busens von Münster und Paderborn vorkommt.

Diese zweite Localität umfasst die zwischen Münster, Coesfeld, Billerbeck und Horstmar gelegene Hügelgruppe der Baumberge, welche schon vor drei Jahrhunderten wegen ihrer schönen versteinerten Fische bekannt war (vgl. des D. Bernardi Molleri, Monasteriensis, Rheni descriptio. Col. Agr. 1570. Lib. VI. p. 270). Mit diesen ihrer guten Erhaltung wegen berühmten Fischen haben sich vor mir schon Agassiz, Becks und Graf zu Münster beschäftigt. Fast sämmtliche Fische, welche Agassiz aus den Baumbergen beschreibt, finden sich auch in der Umgebung von Sendenhorst, was mich nöthigt, bei ihrer Beschreibung immer wieder auf Agassiz' Arbeiten zurückzukommen. In neuerer Zeit haben die Baumberge noch einige Agassiz unbekannt gebliebene Arten geliefert. So weit sie mir bekannt geworden sind, habe ich sie in meine Arbeit aufgenommen, um einen vollständigeren Vergleich zwischen der Fauna dieser schon länger gekannten Localität und der von Sendenhorst zu ermöglichen. Wie in den Baumbergen, so kommen auch bei Sendenhorst mit den Fischen zugleich langschwänzige Krebse vor, an letzterer Localität überdies einige Pflanzen, die aus und über den Fisch-Schichten der Baumberge noch nicht bekannt sind.

Die geognostischen Verhältnisse der Umgegend von Sendenhorst und ihre Beziehungen zu den übrigen Gliedern der Westphälischen Kreidebildungen sind erst vor wenigen Jahren von Fr. Römer in seiner Arbeit: „die Kreidebildungen Westphalens“ (Verhandl. d. naturhist. Vereins für Rheinland und Westph., Jahrg. XI. 1854) so eingehend besprochen worden, dass ich nur Weniges zuzusetzen habe, wobei ich gleichzeitig auf die der Römer'schen Arbeit beigegebene Karte oder auf die v. Dechen'sche „geologische Karte der Rheinprovinz und Westphalens" verweise.

Bekanntlich theilt Römer die Westphälischen Senon-Bildungen in zwei Hauptgruppen, von denen die ältere die weichen Thon-Mergel des sogenannten Hellweges, die sandigen Mergel von Recklinghausen, die kalkig-thonigen Gesteine des Plateaus von Beckum, die kalkig-sandigen Bildungen der Baumberge, sowie ähnliche Gesteine von Haldem und Lemförde, und endlich die sogenannte „verhärtete Kreide" von Ahaus, Graës, Stadtlohn etc. enthalten würde. Zu der jüngeren Hauptgruppe rechnet er die sandigen und quarzigen Bildungen der Hardt und Hohen-Mark bei Haltern, die Eisensandsteine der Borkenberge und die festen Kalksandsteine von Dülmen und Cappenberg. Ueber das Alter des weissen, kreideartigen Kalksteins von Ahaus, Graës, Stadtlohn etc. entstanden schon bei Römer Zweifel, und heute wird derselbe allgemein den Pläner-Bildungen beigezählt.

Im Jahre 1855 erschien in der Zeitschrift der Deutschen geologischen Gesellschaft eine Abhandlung von v. Strombeck „über das geologische Alter von Belemnitella mucronata und B. quadrata," worin er die sandigen Gesteine der Hardt und Hohen-Mark, sowie die Mergel von Recklinghausen in die ältere, durch B. quadrata charakterisirte Abtheilung, die Baumberge hingegen und die Hügelgruppe von Haldem und Lemförde in die jüngere (Mucronaten-) Abtheilung bringt. Hiermit übereinstimmend nahm ich in einer kleineren Arbeit: „chemische Untersuchung Westphälischer Kreidegesteine, zweite Reihe" (Verhandl. d. naturhist. Vereins für Rheinland und Westphal., Jahrg. XVI), auch für die Thonmergel des Hellweges, welche zwischen dem Pläner und den Gesteinen des Plateaus von Beckum ein breites Band bilden, ferner für die den Diluvial-Sand der Senne unterteufenden Mergel, endlich für die Kalksandsteine von Cappenberg, Dülmen, Seppenrade und Legden ebenfalls das ältere (Quadraten-) Niveau in Anspruch, weil in allen genannten Gesteinen allein B. quadrata, nie aber B. mucronata gefunden wurde. Für die jüngeren Mucronaten-Schichten blieben dann nur die eigentlichen Baumberge mit ihrem nordöstlichen Ausläufer, dem Schöppinger Berge, ferner die diesen letzteren so ähnlichen Gesteine von Haldem und Lemförde und endlich die weichen Kalksteine des Plateaus von Beckum mit den Plattenkalken von Ennigerloh und Stromberg übrig. Dieselbe Ansicht wurde von Hosius in seinen „Beiträgen zur Geognosie Westphalens" (a. a. O. Jahrg. XVII) durch neue Funde und Beobachtungen unterstützt und erweitert, denen sich die jüngste Arbeit von Schlüter, „geognostische Aphorismen aus Westphalen" (a. a. O. Jahrg. XVII), anschliesst. Durch die genannten Arbeiten hat sich für den Kreide-Busen von Münster und Paderborn das Gesetz bestätigt, dass man beim Fortschreiten von den Rändern des Busens zur Mitte stets von älteren Schichten zu jüngeren gelangt.

Der ganze Busen bildet eine Ellipse, deren längere Axe vom Sindfelde bei Paderborn bis über Graës bei Ahaus in der Richtung von Südost nach Nordwest hinaufreicht. Fast in der Mitte dieser Linie liegen die Fische-reichen Schichten von Sendenhorst. Verfolgt man von da die Axe der Ellipse in nordwestlicher Richtung, so trifft man die südöstlichste Spitze der Baumberge, deren Steinbrüche seither die ergiebigste Quelle für die dieser Localität angehörenden Fisch-Versteinerungen waren. Beide Fundorte für fossile Fische, die Baumberge und das Plateau von Beckum, sind durch sandige Diluvial-Bildungen getrennt, unter welchen überall weiche Kalkmergel angetroffen werden.

Die Hauptfundstellen fossiler Fische, Krebse und Pflanzen bilden die Brüche auf Plattenkalkstein in der Umgegend von Sendenhorst, welche innerhalb eines Dreiecks liegen, das durch die Ortschaften Sendenhorst, Drensteinfurth und Albersloh begrenzt wird, und von denen die in der Bauerschaft Arnhorst auf dem sogenannten Arenfelde liegenden die bedeutendsten sind. Eine zweite Localität liegt in der nur wenig von der Stadt Sendenhorst in südsüdöstlicher Richtung entfernten Bauerschaft Bracht. Nach einer Angabe von F. Römer sollen sich auch fossile Fische der Gattung Istieus in den Brüchen auf Plattenkalkstein zu Stromberg und Böckenförde, einem zwischen Stromberg und Oelde gelegenen Gute, gefunden haben. Beim öfteren Besuchen dieser Gegend ist es mir nicht geglückt, in diesen Steinbrüchen Spuren von Fischen aufzufinden, oder von den Besitzern der Steinbrüche und den Arbeitern Nachrichten über frühere Funde zu erhalten.

In den Plattenkalken von Stromberg fand ich, ausser dem unten beschriebenen Chondrites Targionii Strnbg., nur ein Exemplar von Micraster cor anguinum Lam., und in denen von Böckenförde, ausser den gewöhnlichen Foraminiferen der oberen Kreide, eine grosse, cylinderförmige, noch unbeschriebene Spongie. Während die Fische-führenden Plattenkalke von Sendenhorst nur von einer wenig mächtigen, blaugrauen, meist sehr Schwefelkies-reichen Thonmergelschicht, über der sogleich die Dammerde folgt, bedeckt werden, zeigen die Steinbrüche von Böckenförde ein abwechselnderes Profil von nachstehender Zusammensetzung.

1. Dammerde, 1'.
2. Nordische Geschiebe, Feuersteinbrocken etc., 3—4".
3. Weicher, ebenfalls plattenförmiger Kalkstein, von den Arbeitern „Käse" genannt, 6".
4. Weicher Thonmergel, 2'.
5. „Käse" wie bei 3, 4" mächtig.
6. Weicher Mergel, 1½'.
7. Dicke Plattenkalke, von den Arbeitern „Knubben" genannt, 1'—1½'.
8. Feste, grosse Platten, von den Arbeitern „Deelsteine" genannt.

Von diesen Schichten werden allein die unter 7 und 8 angeführten verwerthet, und insbesondere die „Deelsteine" in ähnlicher Weise, wie solches zu Ennigerloh und Sendenhorst der Fall ist, zum Belegen der Tennen (Delen), Küchen etc. benutzt.

Wenn nun auch die Plattenkalke von Böckenförde, Stromberg und Ennigerloh mit denen von Sendenhorst auf den ersten Blick eine grosse Aehnlichkeit besitzen, so darf man dieselben doch nicht einander gleich stellen, da sie sowohl in ihrer chemischen Grundmischung, als hinsichtlich ihrer organischen Einschlüsse und ihres geologischen Alters abweichen. Während die erstgenannten, wie die gleich mitzutheilende Analyse nachweisen wird, hauptsächlich aus kohlensaurer Kalkerde mit wenig beigemengtem Thon bestehen, enthalten die Plattenkalke von Sendenhorst ungefähr gleiche Theile kohlensaure Kalkerde und sehr kieseligen Thon, stets mehr oder weniger mit Schwefelkies gemengt. Die Plattenkalke von Stromberg, Böckenförde und Ennigerloh gehören einem tieferen Niveau an und liegen noch innerhalb der eigentlichen Mucronaten-Schichten; ihre Verbreitung ist auch eine weit grössere, als die der Platten von Sendenhorst. Sie treten allerdings oft nur als dünne, unmittelbar unter der Dammerde liegende Schicht der Mucronaten-Kalkmergel schon südlich von Beckum auf, lassen sich über Vellern einerseits nach Stromberg und Oelde, andererseits in nördlicher Richtung über Ennigerloh bis in die Nähe von Westkirchen verfolgen, und erlangen hier eine grosse technische Bedeutung, indem sie in zahlreichen Brüchen gewonnen und zu Flurplatten, Fensterrahmen, Deckteinen etc. verarbeitet werden. Fr. Römer erwähnt in seiner angeführten Monographie diese Schicht unter der sehr passenden Bezeichnung: „Kalkstein von oolithischem Gefüge", und fügt hinzu, dass er in demselben eine specifisch nicht näher bestimmte Frondicularia aufgefunden habe. Am genauesten beobachtet man diese Schichten auf dem vom Bahnhofe Beckum nach Ennigerloh führenden Weg. Ungefähr eine halbe Stunde nachdem man die Eisenbahn überschritten, findet man rechts und links vom Weg ausgedehnte Steinbrüche, die zur Gewinnung dieser Platten angelegt sind. Die Platten sind gewöhnlich 6 Zoll dick und zeichnen sich durch ein körnig oolithisches Gefüge aus, welches deutlicher auf den Schichtungsflächen hervortritt. Die kleinen Körner sind übrigens nicht kugelig, sondern unregelmässig und abgeplattet. Zwischen denselben erkennt man folgende organische Reste:

Zahllose Zähnchen kleiner Squaliden, 1 bis 3 Linien lang, oft am scharfen Rande gezähnelt, meistens schwach gekrümmt; einige derselben sind an der Basis mit zarten Falten versehen. Seltener kommen dreieckige Zähnchen mit kleinen Nebenzähnchen vor.

Serpula subtorquata Münst.

Serpula subrugosa Münst.

Ammonites sp. Eine nicht näher bestimmbare Art von höchstens 1 Zoll Durchmesser.

Rhynchoteuthis Monasteriensis m.

Belemnitella mucronata d'Orb.

Terebratula chrysalis Schlth.

Asseln und Stacheln von Echiniten.

Bourguetocrinus ellipticus d'Orb.

Scyphia sp. Eine kleinmaschige, fast immer in Schwefelkies verwandelte Art.

Glenodictyum hexagonum m. Eine grosse, den Spongien nahestehende Koralle, die ein Netz aus sechsseitigen Maschen von einem halben Zoll Weite bildet.

Zahlreiche Foraminiferen, den Gattungen Marginulina, Nodosaria, Frondicularia, Cristellaria, Textularia etc. angehörend.

Viele Ostracoden, darunter häufig

Cytherina ovata Röm.

Am häufigsten und auffallendsten sind unter diesen organischen Resten die Fischzähnchen, weshalb ich diesen Kalkstein zum Unterschiede von dem bei Sendenhorst vorkommenden jüngeren als „oolithischen Fischzähnchen-Plattenkalk" unterschieden habe.

100,00 Theile desselben bestehen nach meiner Untersuchung aus:

Kohlensaurer Kalkerde	92,40
Kohlensaurer Bittererde	0,72
Kohlensaurem Eisenoxydul	1,93
Thonerde	0,59
Kieselsäure	4,23
Wasser und organische Substanz	0,42
	100,29

Geht man von den oben erwähnten Steinbrüchen in nördlicher Richtung weiter, so trifft man ungefähr eine viertel Stunde vor Ennigerloh einen dicht an der Chaussee gelegenen Steinbruch, in welchem Material zum Strassenbau gewonnen wird. In demselben sieht man die oolithischen Fischzähnchen-Plattenkalke von einer Schichte weichen Thonmergels überlagert, der aus ungefähr gleichen Theilen Thon und kohlensaurer Kalkerde besteht und reich an Cephalopoden ist. Bei meinem kurzen Aufenthalte daselbst fand ich:

Baculites anceps Lmk.

Belemnitella mucronata d'Orb.

Bruchstücke einer nicht näher bestimmbaren Hamites-Art.

Scaphites sp. Eine scheibenförmig flachgedrückte, bis 4½ Zoll im Durchmesser haltende Art, mit zahlreichen, sichelförmigen Rippen und vier Reihen Knoten auf dem Rücken, die einigermassen an den von Kner aus der Kreide von Lemberg beschriebenen Sc. tridens erinnert.

Noch weiter nach Norden, z. B. eine Stunde vor Westkirchen, nimmt der Kalkgehalt der Platten, die hier weisser und wenig oder gar nicht mehr oolithisch sind, auch weniger Fischzähnchen führen, noch mehr zu, so dass er bis auf 95% steigt.

Absichtlich habe ich diese Plattenkalke etwas ausführlicher beschrieben, um auf den

Unterschied zwischen ihnen und den so oft damit verwechselten Plattenkalken von Sendenhorst aufmerksam zu machen. Wie bereits bemerkt, nimmt in diesen letzteren der Kieselsäure-Gehalt bedeutend zu, während die kohlensaure Kalkerde an Menge abnimmt. Schwefelkies kommt sehr häufig vor und unzählige Amorphozoen-Nadeln sind hier, wie für das Gestein der Baumberge, bezeichnend.

Diese kieselig kalkigen Platten aus den Steinbrüchen vom Arenfelde fand ich in 100,00 Theilen zusammengesetzt aus:

Kohlensaurer Kalkerde mit geringen Mengen kohlensaurer Bittererde und kohlensauren Eisenoxyduls	41,80
Kieselsäure	49,26
Thonerde	3,21
Schwefelkies	5,73

Unterteuft wird diese Schicht von einem von den Arbeitern „Eier“ genannten Thonmergel, der aus fast gleichen Theilen Thon und kohlensaurer Kalkerde besteht. Dieser Mergel, der durch die Steinbrucharbeiten seither nicht durchbrochen wurde, bildet wahrscheinlich nur eine thonreiche Zwischenschicht, wie solche in der oberen Kreide überall vorkommen. Er gehört unzweifelhaft den Mucronaten-Schichten an, wie folgendes Verzeichniss der zahlreich in demselben auftretenden Versteinerungen beweist. Bisweilen tritt auch hier, aber immer noch innerhalb der Mucronaten-Schicht, eine dünne Lage oolithischen, sehr Foraminiferen-reichen Plattenkalkes auf, der allerdings demjenigen von Ennigerloh sehr ähnlich ist; versteinerte Fische, Krebse und Pflanzen hat er noch nicht geliefert. Die Petrefacten der sogenannten „Eier“-Schicht sind:

Wirbel grosser Squaliden bis zu 1¾ Zoll Durchmesser.

Belemnitella mucronata d'Orb.

Baculites anceps Lmk.

Ammonites peramplus Mant.

Nautilus sp. (cfr. N. obscurus Nilss.).

Cerithium sp. Diese Art erinnert zwar an C. trimonile Michel., doch hat jede Windung nicht drei Reihen rundlicher, sondern nur eine Reihe länglicher Knoten. Mit den Windungen parallel laufen feine Streifen.

Lima semisulcata Desh.

Inoceramus Cripsii Mant.

Pecten Nilssoni Goldf.

Pecten corneus Sow.

Terebratula sp. Eine der T. octoplicata Sow. nahe stehende Art, deren Falten jedoch feiner und zahlreicher sind.

Nucula panda Nilss.

Tellina sp. (cfr. T. tenuissima Rss.).
Tellina sp. (cfr. T. plana Rss.).
Stacheln von Cidariten.
Zahlreiche Foraminiferen.
Fungia sp. (cfr. F. Coronula Goldf.).
Scyphia sp.

Mit dieser „Eier"-Schicht erreichen die eben genannten Versteinerungen, namentlich auch Belemnitella mucronata d'Orb., nach oben hin ihre Grenze, und es treten dafür in den jetzt folgenden kieselig kalkigen Platten die Fische, Krebse und Pflanzen auf, die den eigentlichen Gegenstand vorliegender Arbeit ausmachen. Diese Platten werden von einer mergelig sandigen, blaugrauen, Schwefelkies-reichen Schicht bedeckt, worin sich bis jetzt, ausser einigen Foraminiferen und Fragmenten von Chondriten, keine weitere Versteinerungen gefunden haben. Hierüber breitet sich eine spärliche Dammerde-Bedeckung aus, in der sich einzelne nordische Geschiebe von meist geringem Umfange finden. Diese Mergel-Schicht und die darunter liegenden Platten bilden, wenigstens für das Plateau von Beckum, die jüngsten Kreideablagerungen. Sie liegen, wie schon oben erwähnt, in der Mitte des elliptischen Busens von Münster und Paderborn, und ihre Schichten sind beinahe wagerecht gelagert.

Anders ist das Vorkommen der fossilen Fische in den Baumbergen, deren südöstliche Spitze die ergiebigste Fundstätte enthält. Hier wird der Fische-führende, feinkörnige, kalkige und glauconitische Sandstein von einer mehr denn 25 Fuss mächtigen Ablagerung eines glauconitischen, graugelben Sandmergels bedeckt. Mit Sicherheit ist zwar weder aus der Fisch-reichen Schicht, noch aus dem Hangenden derselben das Vorkommen von Belemnitella mucronata nachgewiesen, allein Turrilites polyplocus A. Römer und einige Scyphia-Arten, auch ein grosses Coeloptychium, haben sich sowohl in der Fischschichte, wie in den dieselbe bedeckenden Mergeln gefunden. Dabei fallen diese Schichten, z. B. in den Brüchen von Schapdetten, nördlich ein, so dass das Hangende der Fische-führenden Sandsteine eine nicht unbeträchtliche Mächtigkeit haben muss. Es scheint demnach als ob die Fische der Baumberge in ein etwas tieferes Niveau, bis zu den Cephalopoden- und Korallen-Schichten hinabreichten, ja einzelne Arten derselben sind in noch älteren Bildungen aufgefunden. So besitzt Hosius in Münster ein Exemplar von Istieus, welches bei Altenberg im eigentlichen Mucronaten-Kalkmergel gefunden wurde, und Becks will bei Appelhülsen aus einem ähnlichen Gestein einen Sphenocephalus fissicaudus erhalten haben.

Sollte sich die erwähnte Angabe von Römer hinsichtlich des Vorkommens von Istieus-Arten in den Brüchen von Stromberg und Böckenförde bestätigen, so würden diese Funde in derselben Weise zu erklären seyn. Uebrigens kann es durchaus nicht befremden, wenn einzelne dieser Fische so weit hinabreichen; alle diese Schichten stehen sich in ihrem Alter so nahe, dass wohl durchweg während ihrer Bildung diejenigen Bedingungen erfüllt waren, welche die Existenz dieser Thiere ermöglichten. Bei Sendenhorst scheint allerdings der letzte Rest des vielleicht allmählich zum Binnenmeere gewordenen Kreide-Bassins, sey es durch Hebung oder sonst wie, eingetrocknet zu seyn, und seine letzten Organismen in kalkigen Schlamm begraben zu haben.

Wenn ich bereits im Vorhergehenden darauf hingewiesen habe, dass die Fisch-reichen Plattenkalke von Sendenhorst und die sie bedeckenden Mergel die jüngste Kreide-Ablagerung Westphalen's darstellen, so wird in Uebereinstimmung damit die nachfolgende Beschreibung der in diesen Schichten aufgefundenen organischen Reste den Beweis liefern, wie enge sich diese organischen Reste an diejenigen aus den älteren Eocän-Bildungen anschliessen. Vor allem sind es die Fische des Monte Bolca, so wie die an derselben Localität und an einigen anderen Punkten Oberitalien's und der weiteren Umgebung des nördlichen Theiles des Adriatischen Meeres vorkommenden Pflanzenreste, bei denen diese Aehnlichkeit hervortritt.

Eine gewisse Annäherung an die Fische der Tertiär-Periode findet allerdings schon zwischen den älteren Kreide-Fischen statt. So sagt Dixon (Geology and fossils of the tertiary and cretaceous formations of Sussex, 1850. p. 360) von den Fischen der Kreide Süd-England's, sie seyen denen aus der Tertiär-Periode näher verwandt als denen des Ooliths oder älterer Formationen. Weit auffallender aber tritt uns diese Erscheinung bei den Fischen der Baumberge, zumal bei denen aus der Umgebung von Sendenhorst entgegen. Das an letztgenannter Stelle beobachtete Vorkommen mit Pflanzen und langschwänzigen Krebsen, die denen älterer Perioden ferner stehen, als aus jüngeren Bildungen, erhöht diese Aehnlichkeit. Einige Beispiele mögen das Gesagte näher begründen.

Wie der Monte Bolca unter den Haien seinen Galeus Cuvieri Ag., so hat die Gegend von Sendenhorst das Palaeoscyllium Decheni. Blochius longirostris Volta erinnert an unseren Pelargorhynchus blochiformis; Holosteus esocinus Ag. an Palaeolycus Dreginensis; Ephippus longipennis Ag. an Platycormus Germanus; Ephippus oblongus Ag. an Platycormus oblongus; Trachinotus tenuiceps Ag. an Acrogaster parvus Ag.; einige Clupeoiden des Monte-Bolca an unsere Sardinius- und Sardinioides-Arten. Von den Pflanzen-Versteinerungen nähert sich unser Araucarites adpressus dem Araucarites Sternbergi Göpp. von Häring, Sotzka, Monte-Promina; unser Nerium Röhli und Apocynophyllum subrepandum ähnlichen Apocyneen; unser Eucalyptus inaequilatera den Eucalyptus-Arten der genannten Localitäten.

Im Gegensatze hiezu zeigen die Kreide-Fische anderer Gegenden wenig Aehnlichkeit mit den unsrigen; nur Homonotus dorsalis Ag. (bei Dixon) aus der Kreide von Malling, Houghton und Brighton, so wie Dercetis elongatus Ag. aus der Kreide von Lewes dürften einigermaassen an Platycormus oblongus und Pelargorhynchus oder Leptotrachelus erinnern.

Beryx-Arten, in der oberen Kreide sonst ziemlich verbreitet, kommen, wie die Südenglischen Kreide-Fische überhaupt, weder in den Baumbergen, noch in der Umgebung von Sendenhorst vor.

Wenn nun auf der einen Seite die Fisch-Plattenkalke von Sendenhorst den jüngsten Mucronaten-Schichten der oberen Kreide enge verbunden sind, so bilden sie auf der anderen Seite durch die grosse Aehnlichkeit ihrer Fauna und Flora mit denen der alt-tertiären Bildungen ein Verbindungsglied zwischen zwei grossen geologischen Perioden, und bestätigen auf's Neue den Satz, dass die Natur keine Sprünge leide, sondern in ruhiger und allmählicher Fortentwickelung durch alle Zwischenstufen von einem Gliede der grossen Kette zum anderen führe.

Uebersicht der Fische, Krebse und Pflanzen aus dem Plattenkalke der jüngsten Kreide von Sendenhorst, einschliesslich einiger in den Sammlungen gefundenen neuen Fische.

Fische.

Ordnung: Teleosti Müll.

Unterordnung: Acanthopteri Müll.

Familie: Beryeoidei.

Hoplopteryx Ag.

H. antiquus Ag., α. major m.

β. minor m.

H. gibbus m.

Macrolepis m.

M. elongatus m.

Sphenocephalus Ag.

S. fissicaudus Ag.

S. cataphractus m.

Familie: Squamipennes.

Platycormus m.

P. Germanus m.

P. oblongus m.

Familie: Scomberoidei.

Acrogaster Ag.

A. parvus Ag.

A. minutus m.

A. brevicostatus m.

Unterordnung: Physostomi Müll.

Familie: Cyprinoidei Ag.?

Rhabdolepis m.

R. cretaceus m.

Familie: Characini Müll.

Ischyrocephalus m.

I. gracilis m.

I. macropterus m.

Familie: Esoces Müll.

Palaeolycus m.

P. Dreginensis m.

Esox Cuv.

E. Monasteriensis m.

Familie: Esoces Müll.?

Istieus Ag.

I. macrocoelius m.

I. mesospondylus m.

I. macrocephalus Ag.

I. gracilis Ag.

Familie: Clupeoidei Cuv.

Sardinius m.

S. Cordieri m.

S. macrodactylus m.

Sardinioides m.

S. crassicaudus m.

S. Monasterii m.

S. microcephalus m.

S. tenuicaudus m.

Microcoelia m.

M. granulata m.

Leptosomus.

L. Guestphalicus m.

Tachynectes.

T. macrodactylus m.

T. longipes m.

T. brachypterygius m.

Familie: unbestimmt.

Echidnocephalus m.

E. Troscheli m.

E. tenuicaudus m.

Enchelurus.

E. villosus m.

Ordnung: Ganoidei Ag. Müll.

Familie: Dercetiformes m.

Leptotrachelus m.

L. armatus m.

Pelargorhynchus m.
P. dercetiformis m.
P. blochiiformis m.

Ordnung: Elasmobranchii Bonap.
Unterordnung: Plagiostomi Müll.
Familie: Squali Müll.
Palaeoscyllium m.
P. Decheni m.

Krebse.

Ordnung: Decapoda.
Unterordnung: Macroura.
Familie: Carides Latr.
Pseudocrangon Schlüt.
P. tenuicaudus Schlüt.
Penaeus Fbr.
P. Roemeri Schlüt.
Oplophorus Miln. Edw.
O. Marcki Schlüt.
Familie: Astacini.
Nymphaeops Schlüt.
N. Sendenhorstensis Schlüt.

Pflanzen.

Plantae phanerogamae.
Angiospermeae.
Dicotyledoneae.
Ordnung: Myrtaceae Juss.
Eucalyptus L.
E. inaequilatera m.
Ordnung: Apocyneae R. Br.
Apocynophyllum Ung.
A. subrepandum m.
Nerium L.
N. Röhli m.
Ordnung: Cupuliferae Juss.
Quercus L.
Q. Dryandraefolia m.

Gymnospermeae.
Ordnung: Coniferae Juss.
Unterordnung: Abietineae Rich.
Belonodendron m.
B. densifolium m.
Unterordnung: Araucarieae Corda.
Araucarites.
A. adpressus m.

Plantae cryptogamae, vasculares.
Ordnung: Calamarieae Ung.
Calamitopsis m.
C. Koenigi m.

Plantae cryptogamae, cellulares.
Algae.
(Isocarpeae; Dictyoteae Kütz.)
Haliserites Sternbg.
H. contortuplicatus m.
(Heterocarpeae: Gigartineae Kütz.)
Chondrites Sternbg.
Ch. furcillatus Sternbg., var. minor m.
Ch. Targionii Sternbg.
Ch. intricatus Sternbg.

Fische.

Ordnung: Teleostei Müll.
Unterordnung: ACANTHOPTERI Müll.

Bei Abfassung seiner „Recherches sur les poissons fossiles" kannte Agassiz aus der oberen Westphälischen Kreide folgende vier Stachelflosser: Beryx Germanus Ag., Sphenocephalus fissicaudus Ag., Acrogaster parvus Ag. und Hoplopteryx antiquus Ag.

Durch neuere Funde in der Umgebung von Sendenhorst und in den Baumbergen hat sich diese Zahl um sieben vermehrt, so dass wir heute deren elf kennen. Von diesen gehören die beiden erstgenannten und der den Sphenocephalus fissicaudus in der Umgebung von Sendenhorst vertretende Sph. cataphractus m. zu den verbreitetsten Arten, so dass bei Sendenhorst wie in den Baumbergen die Stachelflosser, wenn auch nicht in Betreff der Species, so doch der Individuen, eben so zahlreich vertreten sind wie die Weichflosser.

Agassiz rechnet sämmtliche ihm bekannte Stachelflosser der Baumberge zu der Familie der Percoiden, wenn gleich ihm hinsichtlich seines Beryx Germanus diese Classificirung nicht recht genügt. Er führt an, dass die seiner Beschreibung zu Grunde liegenden, sonst vollständig erhaltenen Exemplare des Museums zu Bonn mehrere wesentliche Kennzeichen nicht haben feststellen lassen, und gesteht sodann, dass die Länge des weichen Theiles der Rücken- und Afterflossen, so wie der ungewöhnlich kräftige vorderste Strahlenträger letztgenannter Flosse an die Chätodonten erinnern. Endlich glaubt er auch die Andeutung einer Schuppenscheide beobachtet zu haben, welche wohl bei den Squamipennen, nicht aber bei den Percoiden sich vorfinde (poiss. foss., IV. 2. p. 122). Hätte Agassiz Exemplare aus den Plattenkalken von Sendenhorst vor sich gehabt, so würde er die Stellung seines Beryx Germanus richtiger erkannt haben, und es wären alsdann vielleicht auch die übrigen Stachelflosser der Baumberge aus den Reihen der Percoiden gestrichen worden, da er wiederholt auf die grosse Aehnlichkeit aller dieser Stachelflosser unter einander aufmerksam macht. Er bemerkt ausdrücklich, dass die Schuppen des Beryx Germanus an solche Beryx-Arten erinnern, „auquel j'associe provisoirement cette espèce." Neben der Aehnlichkeit, die Agassiz in den Schuppen fand, und die auch die vorläufige Vereinigung mit der Percoiden-Gattung Beryx veranlasste, war es noch eine Uebereinstimmung in der Anordnung der Dornstrahlen der Rücken- und Afterflossen, was ihn in seiner Ansicht bestärkte. Aber auch hinsichtlich des zuletzt angeführten Grundes verhehlt er seine Bedenken nicht, indem er sagt, dass die früher bekannten Beryx-Arten keine so gleichförmige Reihe allmählich ansteigender Dornstrahlen vor dem weichen Theil der Rückenflosse besitzen, wie sein B. Germanus, an dessen Rückenflosse der vordere Theil eine concave Linie bilde. Da nun die in den Plattenkalken von Sendenhorst vorkommenden, übrigens mit Beryx Germanus Ag. vollkommen übereinstimmenden Stachelflosser durch ihre unzweifelhafte Schuppenscheide die Einreihung in die Familie der Squamipennen zur Nothwendigkeit machen, so müssen sie von den übrigen Beryx-Arten getrennt und in ein neues Genus gebracht werden.

Eben so wenig konnte ich die von Agassiz aufgestellten Genera Sphenocephalus, Acrogaster und Hoplopteryx bei den Percoiden belassen, da das mir vorliegende, ziemlich bedeutende Material, welches Exemplare von der vollkommensten Erhaltung aufzuweisen hat, nie eigentlich gezähnelte oder dornige, wohl aber gekerbte Deckelstücke erkennen lässt. Ausserdem finden sich bei Sphenocephalus, Hoplopteryx und Macrolepis grubige Kopfknochen, ein Umstand, der mich mit veranlasste, letztgenannte Fische den Sciänoideen beizuzählen.

Familie: Sciaenoidei.

Gattung: Hoplopteryx.

Wenn gleich die von Agassiz geltend gemachte Aehnlichkeit zwischen seinem Hoplopteryx antiquus und den lebenden Percoiden-Arten Myripristis und Holocentrum sich um so weniger verkennen lässt, als die Erhaltung der mir vorliegenden Exemplare auch eine grosse Uebereinstimmung der mit starker marginaler Zähnelung versehenen Schuppen von Hoplopteryx antiquus mit solchen des Myripristis Japonicus Cuv. Valenc. constatirt, so habe ich dennoch aus dem angegebenen Grunde, Mangel an eigentlich dornigen Opercular-Stücken, auch dieses Genus von den Percoiden trennen zu sollen geglaubt. Einen weiteren Grund hiezu fand ich in dem Mangel einer zweiten Rückenflosse. Zwar sind die Dornstrahlen der Rückenflosse bei Hoplopteryx kräftiger und stehen von einander entfernter, als es bei den übrigen Stachelflossern der Westphälischen Kreide vorzukommen pflegt; dabei ist aber gleichwohl der hinterste Dornstrahl der längste und zugleich dem ersten getheilten Strahl derselben Flosse sehr genähert. Die in der Nackengegend auftretenden Spuren von kurzen Dornstrahlen könnten für ein freilich nur sehr schwaches Aequivalent einer zweiten Rückenflosse gedeutet werden.

Es liegt übrigens nichts Befremdendes darin, dass sich in die für die lebende Thierwelt aufgestellten Systeme nicht alle Formen der Vorzeit einpassen lassen; es ist vielmehr sehr natürlich, wenn, wie bei den Fischen, fossile Formen aufgefunden werden, welche gleichsam den Uebergang von zwei Familien oder Geschlechtern vermitteln. Diese in den Schichten überlieferten Uebergangsformen helfen das Gesammtbild der organischen Schöpfung der Erde vervollständigen, das ohne dieselben nur lückenhaft und öfter unverständlich erscheinen würde.

Für das Genus Hoplopteryx Ag. schlage ich folgende Diagnose vor.

Körper, wie es scheint, sehr zusammengedrückt, von eiförmigem oder länglich eiförmigem Umfang und hoher Bauchhöhle. Der Kopf nimmt einen bedeutenden Theil vom Körper ein. Die Augenhöhlen sind gross, die Kopfknochen anscheinend grubig, die Opercular-Stücke gekerbt. Die Wirbel kräftig. Eine Rückenflosse, deren fünf bis sechs vorderste Strahlen aus kräftigen, ziemlich weit von einander entfernt stehenden Dornstrahlen bestehen. Die drei Dornstrahlen der Afterflosse sind ebenfalls sehr kräftig und stützen sich auf starke Stützbeinchen oder Träger, welche die Wirbelsäule nicht erreichen. Die Seitenlinie erhebt sich namentlich in der Bauchgegend über die Wirbelsäule und besteht aus Schuppen, deren Eindrücke die Form von einer Pfeilspitze an sich tragen. Schuppen gross, stark gezähnelt, nicht aber rauh punktirt.

Hoplopteryx antiquus, var. minor m. Taf. I. Fig. 4.

Hoplopteryx antiquus Agassiz, poiss. foss., IV. t. 17. f. 6—8.

Die beiden mir von Sendenhorst vorliegenden Exemplare stimmen in jeder Beziehung mit dem von Agassiz beschriebenen Fisch überein, nur übertreffen sie an Vollständigkeit der Erhaltung das einzige Exemplar aus den Baumbergen, welches, in der Sammlung des Grafen zu Münster befindlich, Agassiz seiner Beschreibung und Abbildung zu Grunde gelegt hat.

Unser Fisch ist von der Maulspitze bis zum Ende der Schwanzflosse 5 Zoll 10 Linien lang; die grösste Höhe beträgt 2 Zoll, die aber in der Gegend der Schwanzwurzel bis auf 8 Linien abnimmt. Das Verhältniss der grössten Körperhöhe zur Länge, ausschliesslich der Flossen, stellt sich demnach wie 1 : 2,4 heraus. Der Kopf allein hat eine Länge von 2 Zoll 3 Linien. Das Maul ist weit; die Augenhöhlen gross. Zähne sind nicht erkennbar, sie müssen demnach sehr klein gewesen seyn. Der Vorderdeckel hat einen sehr kräftigen Abdruck hinterlassen, dessen hinteres Ende in seiner ganzen Höhe mit 1,5 Linien langen, nicht sehr entferntstehenden Strichen gezeichnet ist, denen schwache Einkerbungen entsprochen haben werden. Der Kiemendeckel selbst ist in den beiden Exemplaren nicht erhalten, doch lassen beide Exemplare bis vier Kiemenbogen mit deutlichen Kiemenblättern erkennen. Der Hinterdeckel ist vorhanden; dagegen sind die Kiemenhautstrahlen nicht sichtbar.

Die Anzahl der Wirbel beträgt 26. Die Wirbelfortsätze und Rippen können nicht stark gewesen seyn, da nur die Fortsätze der ersten Schwanzwirbel kräftigere Eindrücke hinterlassen haben. Die Wirbelsäule liegt nicht in der Mitte der Höhe, indem ihre Entfernung vom unteren Rand 15 Linien, vom oberen oder dem Rücken nur 11,5 Linien beträgt.

Die Rückenflosse besteht aus 6 kräftigen Dornstrahlen und 11 weichen getheilten Strahlen, deren erster, der längste, 10 Linien misst. Sie beginnt kurz vor der den Bauchflossen gegenüberliegenden Stelle und zieht sich über den hochgewundenen Rücken, bis dieser zur Schwanzwurzel abfällt.

Die mässig tief gabelspaltige Schwanzflosse besteht in je einer Hälfte aus 4 kurzen und einem langen ungetheilten, sowie aus 9 bis 10 getheilten Strahlen. Der obere Lappen ist stärker entwickelt, als der untere; ihr längster Flossenstrahl misst 14 Linien.

Die Afterflosse besteht aus 8 kräftigen Dornstrahlen und 10 getheilten Strahlen. Sie beginnt an der dem sechsten getheilten Rückenflossenstrahl gegenüberliegenden Stelle und erstreckt sich ungefähr soweit wie die Rückenflosse nach dem Schwanze hin. An der Basis ihrer Strahlen bemerkt man eine kurze Schuppenscheide von der Höhe einer mässig grossen Schuppe.

Die Bauchflossen lassen einen nicht sehr kräftigen, ungetheilten und mindestens 4 getheilte Strahlen erkennen. Von den Brustflossen bemerkt man nur die Anheftungsstelle.

Die Schuppen sind gross, bis zu 8 Linien hoch und 1,8 Linien lang, dabei am Rande stark gezähnelt.

Fundort: Die Plattenkalke in der Bauerschaft Arnhorst bei Sendenhorst.

In neuester Zeit haben die Baumberge eine interessante Varietät dieses Fisches geliefert, die ich

Hoplopteryx antiquus, var. major m. Taf. II. Fig. 1.

nenne. Die Länge des Fisches beträgt, ausschliesslich der Schwanzflosse, 9 Zoll, die Höhe, ausschliesslich der Flossen, 8 Zoll 8 Linien. Ausser dieser grösseren Körpergestalt, die jedoch die an dem zuvor beschriebenen Fische gefundenen Verhältnisse nicht beeinträchtigt, unterscheidet er sich noch:

1. durch eine geringere Anzahl Dornstrahlen in der Rückenflosse, deren nur 5 vorhanden sind;

2. durch verhältnissmässig kräftigere Bauchflossen, die einen Dornstrahl von 1,5 Zoll Länge besitzen, und

3. durch eine aus einer Reihe grosser, rundlicher Schuppen gebildete Schuppenscheide, welche die Basis der Rückenflosse, sowie die der Afterflosse einfasst.

Die Zähne an den Schuppen sind nur in der Gegend des Kopfes erkennbar.

Das Original befindet sich im Museum zu Münster.

Hoplopteryx gibbus m. Taf. I. Fig. 5, von Sendenhorst; Taf. I. Fig. 6, aus den Baumbergen.

Diese Art, die sowohl in der Umgegend von Sendenhorst, wie in jüngster Zeit auch in den Baumbergen gefunden worden ist, unterscheidet sich von den beiden so eben dargelegten Varietäten des H. antiquus Ag.

1. durch eine grössere Rumpfhöhe, die sich zur Totallänge, ausschliesslich der Flossen, wie 1 : 2 verhält;

2. durch den bei ihr viel stärker hervortretenden Buckel;

3. zeigt das Exemplar aus der Gegend von Sendenhorst deutlich zwei kleine, fast dreieckige Dornstrahlen vor dem Beginn der Rückenflosse, von denen auch das Exemplar aus den Baumbergen Andeutungen erkennen lässt.

An einzelnen Schuppen bemerkt man ausser den Randzähnchen noch eine sehr feine concentrische Streifung.

Das auf Taf. I. Fig. 6 abgebildete Exemplar befindet sich in dem Museum zu Münster.

Gattung: Macrolepis m.

Von diesem Fische liegt nur ein einziges Exemplar in den Gegenplatten vor, das leider zu denen gehört, die am schlechtesten erhalten sind. Die Kenntniss von diesem Fisch ist daher eine nur lückenhafte, und wenn ich ihn an dieser Stelle unterbringe, so geschieht es in der Erwartung, dass bessere Exemplare zu einer genauern Ermittelung seiner Beschaffenheit führen.

Unzweifelhaft ist es ein Stachelflosser. Stellt sich der Kopf, wie es scheint, durch Verschiebung der einzelnen Theile länger als ursprünglich dar, so lässt sich eine Aehnlichkeit in der Körperform des Fisches mit Pygaeus nobilis Ag. (IV. t. 44. f. 6. 7.) aus dem Tertiär-Schiefer des Monte Bolca nicht verkennen. Abweichend freilich ist die grosse Anzahl und Länge der dornigen Strahlen der Rückenflossen in Pygaeus nobilis, den Agassiz den Schuppenflossern unterordnet, wenn gleich die von ihm vorliegende Abbildung die Gegenwart einer Schuppenscheide nicht mit Bestimmtheit erkennen lässt.

Die Andeutungen von grubigen Schädelknochen und die gekerbten Deckelstücke bestimmten mich, unseren Fisch vorläufig den Sciänoideen anzureihen, dem die Gegenwart einer kurzen Schuppenscheide nicht hinderlich seyn wird. Von Sphenocephalus, der wie Macrolepis zu den schlanker gebauten Stachelflossern der Westphälischen Kreide gehört, unterscheidet sich letzterer durch viel grössere Schuppen und durch viel weiter nach hinten reichende Rücken- und Afterflossen.

Die Gattung Macrolepis zeichnet sich demnach durch einen verlängert elliformigen Körper aus. Die Länge des Kopfes wird sich zur Totallänge wie 1 : 2,5 und die grösste Höhe zur Totallänge (in beiden Fällen ausschliesslich der Flossen) wie 1 : 3 verhalten. Die Augenhöhlen sind gross. Rücken- und Afterflosse haben zahlreiche weiche Strahlen, die sich bis in die Nähe der Schwanzflosse erstrecken. Die 4 Dornstrahlen der Rückenflosse sind nicht besonders kräftig, sie stehen genähert und schliessen sich, wie es scheint, unmittelbar den weichen Strahlen an. Die Schuppen sind gross und glatt. Die Wirbel sind mit ihren Fortsätzen im Vergleich zur Grösse des Fisches kräftig.

Macrolepis elongatus m. Taf. XII. Fig. 2.

Die Gesammtlänge des Fisches beträgt ohne die Schwanzflosse 2 Zoll 11 Linien, wobei jedoch, wie bereits bemerkt, der Schädel durch gewaltsame Verschiebung seiner Knochen eine unnatürliche Länge zeigt. Seine grösste Höhe beträgt 10 Linien. Von den Kopfknochen werden nur einige Deckelstücke mit schwacher Kerbung erkannt. Die Zahl der Wirbel wird gegen 22 betragen haben; sie sind ungefähr 1 Linie lang und hoch. Die oberen Fortsätze der Bauchwirbel stehen beinahe rechtwinkelig ab. Die Zahl der dornigen Rückenflossenstrahlen ist nicht mit Sicherheit festzustellen; sie dürfte 3—4 betragen. Auch die Zahl der weichen Strahlen in dieser Flosse ist ungewiss; dem Raume nach, den die Flosse einnimmt, und nach den Strahlenträgern zu schliessen, wird sie sich auf 16 belaufen haben. Die mässig grosse Schwanzflosse bestand in je einer Hälfte aus mehreren kleinen und einem grossen ungetheilten, sowie aus ungefähr 8 getheilten Strahlen. Die Afterflosse, welche an der dem Beginn der Rückenflosse gegenüberliegenden Stelle ihren Anfang nimmt, lässt 3 Dorn- und 6 getheilte Strahlen und ausserdem noch 9 Strahlenträger erkennen, deren Strahlen jedoch fehlen. Ergänzt man hiernach die Flosse, so wird man überzeugt, dass sie über 20 weiche Strahlen gehabt haben müsse. Von den Bauchflossen sind nur wenige Strahlen erhalten, von den Brustflossen gar keine Spur. Die Schuppen sind für die Grösse des Fisches sehr gross, da eine Vertikalreihe in der Bauchgegend deren nur fünf zählt.

Fundort: Die Plattenkalke der Umgegend von Sendenhorst.

Gattung: Sphenocephalus Ag.

Die Sphenocephalus-Arten bilden die dritte der von mir zu den Sciänoideen gezählten Gattungen, da auch sie grubige Schädelknochen und gekerbte Deckelstücke besitzen; letztere waren zwar nach den hinterlassenen Eindrücken stark gekerbt, jedoch nicht dornig oder stachelig zugeschärft. In dieser Familie sind sie jener Unterabtheilung zugewiesen, deren Angehörige nur eine Rückenflosse und 6 Kiemenhautstrahlen besitzen. Unter den lebenden Fischen dieser Unterabtheilung zeigt Scolepsides Lycogonis C. hinsichtlich der Flossenstellung und der allgemeinen Körperform einige Aehnlichkeit, ist aber durch eine grössere Anzahl Dornstrahlen in der Rückenflosse und durch zwei unter den Augen sich kreuzende Stacheln verschieden.

Die der Gattung Sphenocephalus angehörigen Fische haben eine schlanke, zierliche Körperform, einen spitzen Kopf und eine gabelspaltige Schwanzflosse. Das Verhältniss der grössten Körperhöhe zur Totallänge stellt sich ohne die Flossen wie 1 : 3 heraus. Das Maul ist weit gespalten; die Augenhöhlen sind gross; die Zähne bürstenförmig. Sechs Kiemenhaut-Strahlen. Von den ersten Strahlen der Rückenflosse bis zur Maulspitze bilden Nacken und Kopf eine fast gerade Linie, wie bei dem zu den Schuppenflossern zählenden, in den Javanischen und Indischen Flüssen lebenden Toxotes jaculator C. In Sphenocephalus bildet diese Linie mit der verlängerten Rückenlinie einen Winkel von 145°; in Toxotes beträgt dieser Winkel 152°. Die Rückenflosse enthält 4—5 Dorn- und 10—11 getheilte Strahlen; die Afterflosse hat 4 Dorn- und 9 getheilte Strahlen. Beide Flossen sind durch einen ihrer eigenen Länge gleichkommenden Raum von der Schwanzflosse getrennt. Die Bauchflossen lassen 1 Dorn- und 5—6 getheilte Strahlen erkennen. Die Schuppen sind nicht gross; bei der einen Species findet sich eine aus grossen Schuppen bestehende, gepanzerte Seitenlinie Schuppenscheiden fehlen.

Sphenocephalus fissicaudus Ag. Taf. III. Fig. 2.

In der Umgebung von Sendenhorst ist diese Art bis jetzt nicht mit Sicherheit gefunden, in den Baumbergen dagegen kommt sie häufig vor. Das abgebildete Exemplar zeichnet sich durch die sehr vollständige Erhaltung seiner wesentlichen Theile aus, und da diese in manchen Punkten nicht mit der von Agassiz gegebenen Beschreibung übereinstimmen, so sehe ich mich veranlasst, auf diesen Fisch hier gleichfalls näher einzugehen.

Die Länge des Fisches beträgt 4 Zoll 6 Linien, die grösste Höhe ohne Flossen 1 Zoll 6 Linien. Der Kopf ist 1 Zoll 11 Linien lang; sein Umriss ist auf der Steinplatte als scharfer Abdruck enthalten, die einzelnen Knochen lassen sich weniger gut unterscheiden, doch erkennt man den Ober-, den Unter- und vielleicht auch den Zwischenkiefer, das untere Gelenkbein, den Kiemendeckel und den Hinterdeckel. Die Anzahl der Wirbel beträgt gegen 30; sie sind längs gestreift, ungefähr 1 Linie lang und 1,3 Linie hoch; ihre Fortsätze und Rippen sind zart; letztere erreichen nur die halbe Höhe der Bauchhöhle. Die Rückenflosse besteht aus

4 enge stehenden Dornstrahlen, an die sich 11 weiche Strahlen anlehnen. Von ihren Trägern sind namentlich die vorderen von merklicher Breite. Diese Flosse beginnt an der dem Ende der Bauchflossen gegenüberliegenden Stelle und endigt so weit vor dem ersten kleinen ungetheilten Strahl der Schwanzflosse, als ihre eigene Länge beträgt. Die Schwanzflosse besteht in jeder Hälfte aus 8—10 kleinen und einem grossen ungetheilten Strahl, so wie aus 8—9 getheilten Strahlen. Sie ist tief ausgeschnitten; ihre kleinsten weichen Strahlen sind 6, ihre längsten 16 Linien lang. Agassiz hat daher dieser Species einen passenden Namen gegeben. Die Afterflosse zählt 4 kräftige Dornstrahlen, denen 9 weiche dicht anliegen. Die vordersten Träger, welche die Dornstrahlen stützen, sind besonders kräftig und erreichen beinahe die Wirbelsäule. Die Flosse beginnt hinter der dem Anfange der Rückenflosse gegenüberliegenden Stelle und erstreckt sich ein wenig weiter nach hinten als letztere Flosse, wobei der Raum, der sie von den ersten kleinen Strahlen der Schwanzflosse trennt, unbedeutend geringer ist als ihre eigene Länge. Die Bauchflossen lassen einen Dorn- und 5 weiche Strahlen erkennen, während von den Brustflossen nur Spuren von der Einlenkung wahrgenommen werden. Von den verhältnissmässig kleinen Schuppen hat nur die Bauchgegend einige Ueberreste aufzuweisen.

Das der Abbildung zu Grunde liegende Exemplar befindet sich in dem Museum zu Münster.

Sphenocephalus cataphractus m. Taf. III. Fig. 1. Taf. VII. Fig. 3. 4. 5.

Diese Species kommt, wie wohl seltener, in den Baumbergen vor; in der Gegend von Sendenhorst gehört sie zu den weniger seltenen.

Taf. III. Fig. 1 stellt ein aus den Baumbergen stammendes, im Museum zu Münster befindliches Exemplar dar; die beiden anderen abgebildeten hat Sendenhorst geliefert. Aus letzterer Gegend sind mir mindestens 20 Exemplare bekannt geworden; sie erreichen nie die Exemplare aus den Baumbergen an Grösse, indem sie fast immer auf das Taf. VII. Fig. 4 abgebildete herauskommen.

Von Sphenocephalus fissicaudus Ag., mit welchem vorliegende Species im Habitus grosse Aehnlichkeit hat, unterscheidet sie sich

1. durch eine gepanzerte Seitenlinie, welche aus grossen, kräftigen Schuppen besteht, die einen herzförmigen Umriss und eine pyramidal erhöhte Mitte haben;

2. durch eine mehr nach vorn gerückte Rückenflosse, welche nur 9 weiche Strahlen erkennen lässt;

3. durch weniger spitzen Kopf;

4. durch die nicht so tief ausgeschnittene Schwanzflosse. Die kleinsten weichen Strahlen derselben messen bei dem Exemplar aus den Baumbergen 6 Linien, während die längsten nur 1 Zoll lang sind. Die grossen ungetheilten Strahlen sind dabei merklich bogenförmig gekrümmt.

5. durch längere Rippen, die weit über die halbe Höhe der Bauchhöhle hinausreichen; und
6. durch feine und rauh punktirte Schuppen.

Das Taf. VII. abgebildete Exemplar ist vorzugsweise geeignet, die grubigen Schädelknochen und die gekerbten Deckelstücke erkennen zu lassen. Die Seitenlinie besteht aus 32 Schuppen (Taf. VII. Fig. 4). Die Schuppen erinnern an die, mit denen sich die Seitenlinie des den Scomberoiden angehörenden Caranx trachurus bewaffnet darstellt. Taf. VII. Fig. 6 zeigt ein Exemplar mit einer erhaltenen Brustflosse, in der man 8 bis 10 zarte Strahlen erkennt.

Familie: Squamipennes.

Von dieser Familie sind bis jetzt zwei Repräsentanten bekannt geworden, die in den Baumbergen wie in der Gegend von Sendenhorst gefunden wurden, und die sich sämmtlich durch treffliche Erhaltung auszeichnen.

Ich habe bereits oben S. 12, wo von den Stachelflossern im Allgemeinen die Rede war, angeführt, dass die ausgezeichnete Erhaltung der Exemplare von Sendenhorst Agassiz' Zweifel über die Richtigkeit der Stellung, die er seinem Beryx Germanus einräumt, rechtfertigen; dieser Fisch gehört nicht zu den Percoiden, sondern hieher zu den Schuppenflossern, und ich habe ihn bereits in meiner Abhandlung „über einige Wirbelthiere, Kruster und Cephalopoden der Westphälischen Kreide" (Zeitschr. der geol. Gesellschaft, Berlin. X. S. 251) unter der

Gattung: Platycormus m.

begriffen. Aehnliche fossile Formen finden wir unter den eocänen Fischen des Monte-Bolca; namentlich erinnert Ephippus longipennis Ag. (poiss. foss., IV. t. 40) an Platycormus Germanus, und Ephippus oblongus Ag. (t. 39) an unsern Platycormus oblongus. Ich hielt mich indess nicht für berechtigt, die beiden Gattungen zu vereinigen, weil Platycormus keine getrennte Rückenflosse besitzt; die weit kürzeren Dornstrahlen der Rückenflosse sind einander genähert und schliessen sich auch den weichen Strahlen enge an; es dehnt sich ferner die Schuppenscheide bei Platycormus auch über die Dornstrahlen der Rücken- und der Afterflosse aus, und endlich sind die Fortsätze der Schwanzwirbel nicht merklich verbreitert, und die Brustflossen nicht abgerundet und kurz, sondern ziemlich lang.

Das Genus Platycormus umfasst demnach Fische, die einen hohen und flachen Körper besitzen, dessen Länge höchstens noch einmal so gross ist als die Höhe. Die Zähnchen waren, wie es scheint, sehr fein, da man selbst an gut erhaltenen Exemplaren von ihnen keine Spur wahrnimmt. Die Augenhöhlen sind sehr gross. An den Kiemendeckeln erkennt man nichts von Zähnen oder Stacheln. Das Hinterhauptsbein ist kammförmig; die Kiemenhautstrahlen sind platt. Die Rücken- und Afterflossen haben kräftige Dornstrahlen, die sich den weichen Strahlen enge anlegen. Beide Flossen besitzen eine sich auch über die Basis der Dornstrahlen erstreckende Schuppenscheide. Der erste Strahlenträger der Afterflosse ist besonders kräftig und reicht bis zur Wirbelsäule. Die Schwanzflosse ist tief gespalten; die Bauchflossen haben einen Dorn- und 5 weiche, die Brustflossen 10 (?) weiche Strahlen. Die Schuppen sind ziemlich gross, am Rande unregelmässig gewimpert und fein gekörnt.

Platycormus Germanus m. Taf. I. Fig. 1—3.

Beryx Germanus Agassiz, poiss. foss., IV. t. 14 a.

Das meiner Abbildung zu Grunde liegende Exemplar, ausser welchem ich noch 5 andere von gleicher Grösse und Erhaltung untersucht habe, hat eine länglich rautenförmige Gestalt, mit hohem Nacken und Rücken, welch' letzterer, wie der stark vorspringende Bauch, rasch zur Schwanzwurzel abfällt. Die Totallänge beträgt mit den Flossen 9 Zoll 9 Linien und ohne dieselben 7 Zoll. Die grösste Höhe misst mit den Flossen 6 Zoll 9 Linien, ohne dieselben 4 Zoll 2 Linien. Der Kopf allein ist 2 Zoll 9 Linien lang. Die grösste Höhe des Rumpfes verhält sich zur Totallänge, ohne die Flossen, wie 1 : 1,6. Die Höhe der Schwanzwurzel beträgt nur 1 Zoll. Die Mundspalte ist verhältnissmässig weit und die Augenhöhlen gross.

Vorderdeckel, Haupt-Kiemendeckel, Hinterdeckel, die Kieferknochen, das untere Gelenkbein, das kammförmige Hinterhauptsbein, Bruchstücke von den Kiemenbogen mit ihren Blättchen und drei platte Kiemenhautstrahlen sind erkennbar, ebenso die Schuppen, die einen grossen Theil des Kopfes bedecken. Die Wirbelsäule zählt 30 Wirbel, worunter 15 bis 16 Schwanzwirbel. Die mittleren Wirbel sind 1,5 Linien lang und 2 Linien hoch, längs gerippt und zwar mit kräftigen, aber nicht spatel- oder lanzettförmig verbreiteten Fortsätzen versehen. Taf. I. Fig. 2 stellt zwei vordere Schwanzwirbel mit den Fortsätzen bei doppelter Grösse dar. Die Rippen sind bogenförmig gekrümmt, und ihre Länge kommt ungefähr der halben Höhe der Bauchhöhle gleich.

Die Rückenflosse beginnt gleich hinter der halben Länge des Rückens und besteht aus 9 allmählich an Länge zunehmenden Dornstrahlen, von denen der neunte der längste und dünnste ist. Die Zahl der weichen getheilten Strahlen beträgt 22. Die Schuppenscheide dieser Flosse ist in ihrer Mitte 6 Linien hoch und fällt von da nach beiden Enden ab. Von den Trägern sind die, welche zu den Dornstrahlen gehören, besonders lang. Vor der Flosse bemerkt man in der Nackengegend noch drei kräftige strahlenlose Träger.

Die tief ausgeschnittene Schwanzflosse besteht in je einer Hälfte aus 5 kleinen und einem grossen ungetheilten, sowie aus 8 getheilten Strahlen, von denen die längste zwei und ein halbmal so lang als die kleinen mittleren Strahlen sind. Auch hier umgiebt eine kurze Schuppenscheide die Basis der Strahlen. Die Afterflosse besitzt 8 kräftige Dornstrahlen, denen ein längerer und viel dünnerer Strahl folgt. Hieran schliessen sich 20 getheilte Strahlen an, von welchen der vorderste 14 Linien misst, während der entsprechende weiche Strahl der Rückenflosse 24 Linien lang ist. Die Schuppenscheide dieser Flosse ist der der

Rückenflosse ähnlich und auch eben so hoch. Des auffallend starken vordersten Strahlenträgers, welcher sich bis zur Wirbelsäule erstreckt, habe ich schon oben gedacht.

Die Bauchflossen liegen unter der Einlenkungsstelle der Brustflossen und bestehen aus einem Dorn- und 5 weichen, getheilten Strahlen. Vom Beckenknochen lassen sich Spuren erkennen. Die Brustflossen selbst sind nicht erhalten; ausser ihrer Einlenkungsstelle bemerkt man noch den Eindruck des hinteren Schlüsselbeins.

Die Seitenlinie erhebt sich von der Schwanzwurzel ein wenig über die Wirbelsäule, trifft aber in der Nackengegend mit letzterer zusammen. Die rauhen Schuppen sind an ihrem Rand unregelmässig und grob gezähnelt. Fig. 8 der Taf. I stellt Schuppen aus der mittleren Bauchgegend bei vierfacher Vergrösserung dar.

Fundort: Die Plattenkalke von Sendenhorst, sowohl auf dem Arenfelde als südöstlich von der Stadt.

Platycormus oblongus m. Taf. I. Fig. 7.

Diese zweite, weit kleinere Species besitzt einen längeren Körper. Das Verhältniss der Körperhöhe zur Totallänge ist hier wie 1 : 2. Ausserdem ist die Bauchhöhle weniger hoch, und die senkrechten Flossen enthalten weniger Dorn- und mehr weiche Strahlen, die in Länge jene der vorigen Species, im Verhältniss zur Körpergrösse, nicht unbedeutend übertreffen.

Das abgebildete Exemplar ist ohne die Schwanzflosse 3 Zoll 6,5 Linien lang, während die grösste Körperhöhe ohne die Flossen 1 Zoll und 10 Linien beträgt. Diese Species zeichnet sich auch durch grosse Augenhöhlen und einen beschuppten Kopf aus. Die Zahl der Wirbel beträgt gegen 25; die Grössenverhältnisse und Fortsätze der Wirbel stimmen mit der vorigen Species überein. Die Rückenflosse besteht aus 5 starken, bogenförmig gekrümmten Dornstrahlen, von denen der fünfte der längste ist, und kaum die halbe Länge des ersten der 26 getheilten Strahlen erreicht. Der längste weiche Strahl misst 16 Linien. Strahlenlose Träger waren in der Nackengegend nicht aufzufinden. Die Schwanzflosse hat in jeder Hälfte 5 – 6 kleine und einen grossen ungetheilten, sowie 8 getheilte Strahlen, deren grösster eine Länge von 16,5 Linien erreicht. Die Afterflosse hat 2 kurze, kräftige Dornstrahlen und 21 weiche. Der erste, starke Träger erreicht auch hier die Wirbelsäule und trennt die Bauchgegend von der Gegend des Schwanzes. Die Verhältnisse, welche die Schuppenscheiden für Rücken-, After- und Schwanzflosse darbieten, sind dieselben, wie in P. Germanus. Von den Bauchflossen sind nur einige Strahlenfragmente zu erkennen; dagegen zeigen die Brustflossen deutlich 10 weiche, bis 10 Linien lange Strahlen. Die Schuppen sind zwar kleiner, dabei aber ähnlich gebaut, wie bei der vorigen Species.

Fundort: Die Plattenkalke der Bauerschaft Arnhorst bei Sendenhorst.

Auch die Baumberge haben diese Species geliefert; zwei sehr gut erhaltene Exemplare befinden sich in der Privat-Sammlung des Herrn Dr. Hosius in Münster.

Familie: Scomberoidei.

Zu dieser Familie rechne ich das von Agassiz aufgestellte Genus Acrogaster, da der Mangel an grubigen Schädelknochen, so wie an gezähnelten oder gekerbten Opercular-Stücken eine Vereinigung mit der Familie der Sciänoideen, und das Fehlen einer Schuppenscheide eine Vereinigung mit den Schuppenflossern nicht zulässt.

Die Form des hohen, flachen Körpers dagegen erinnert an ähnliche Gestalten aus jener Abtheilung der Scomberoiden, die eine gepanzerte Seitenlinie besitzen, und in der That findet sich auch bei einer Species Acrogaster eine solche Linie aus einer Reihe grosser Schuppen gebildet, während sonst wie bei den anderen Species, selbst bei vollkommener Erhaltung des Thierkörpers, keine Schuppen unterschieden werden können. Ausserdem stehen die Bauchflossen unter den Brustflossen; auch scheint eine zweite Rückenflosse dadurch angedeutet, dass in der Nackengegend von Acrogaster brevicostatus scheinbar unbewehrte Strahlenträger wahrgenommen werden, in deren Verlängerung man bei genauer Untersuchung zwei ganz kurze Dornen sich über den Rücken erheben sieht.

Gattung: Acrogaster Ag.

Die Gattungskennzeichen sind folgende.

Der Körper ist flach zusammengedrückt und mit stark vortretendem Bauch und hohem Rücken versehen, der von dem ersten Strahl der Rückenflosse an gleichmässig nach dem Schwanz und nach der Maulspitze abfällt. Bürstenförmige Zähne; grosse Augenhöhlen. Die Kiemenhautstrahlen sind nicht zu erkennen. Die grösste Körperhöhe verhält sich zur Totallänge ohne die Flossen wie 1 : 2; die Länge des Kopfes zur Totallänge verhält sich auf ähnliche Weise, wie 1 : 2,3 oder wie 1 : 2,5. Die Rückenflosse besteht aus 3 — 5 Dorn- und 10 — 14 getheilten Strahlen, von denen erstere einander und den getheilten Strahlen enge anliegen. Die Afterflosse zählt 2 — 3 Dorn- und 10 — 11 weiche Strahlen. Die Strahlen der Brustflossen sind sehr weich. Die Schwanzflosse ist gegabelt und dabei ziemlich tief ausgeschnitten.

Agassiz kannte von dieser Gattung aus der Westphälischen Kreide mit Sicherheit nur eine Species, Acrogaster parvus (poiss. foss., IV. t. 17. f. 2). Ein zweites unvollständiges Exemplar (f. 1) wagte Agassiz nicht davon zu trennen, konnte aber doch seine Zweifel über die Zusammengehörigkeit beider nicht verhehlen, wobei er die Westphälischen Palaeontologen auffordert, zu entscheiden, ob ihre Kreide eine oder zwei Species von Acrogaster enthalte. Die beiden Exemplare stammen nach dem Farbenton der Abbildungen und nach Agassiz' eigener Angabe aus den Baumbergen. Von dieser Localität liegt mir nur ein Exemplar vor, das ich mit dem kleineren, bei Agassiz in Fig. 1 abgebildeten, für identisch halte, welches aber eine Vereinigung mit dem grösseren Fig. 2 abgebildeten nicht zulässt. Agassiz' Vermuthung, dass die Baumberge zwei Species von Acrogaster enthalten, wird hiedurch zur

Gewissheit. Ausser diesen beiden Species hat Sendenhorst, in dessen Umgebung sie noch nicht aufgefunden werden konnten, noch eine dritte Species geliefert.

Acrogaster parvus Ag.

Acrogaster parvus Agassiz, poiss. foss., IV. p. 134. t. 17. f. 2.

Zur Erleichterung der Vergleichung theile ich in Kürze die Kennzeichen dieser Species mit.

Sie ist die grösste von den drei bis jetzt bekannten Species. Die Totallänge beträgt ohne Schwanzflosse 3 Zoll 9 Linien, die grösste Höhe vor Beginn der Rückenflosse 1 Zoll 10,5 Linien, von wo dieselbe allmählicher und gleichförmiger als bei den übrigen Arten nach dem Schwanze zu abnimmt. Die Höhe der Schwanzwurzel misst 6,3 Linien, und verhält sich daher zur grössten Höhe des Rumpfes wie 1 : 3,5. Die Wirbelsäule ist massiv, die Fortsätze der Wirbel sind kräftig und die Rippen scheinen länger zu seyn als die halbe Höhe der Bauchhöhle. Die Rückenflosse beginnt in der ungefähren Mitte zwischen der Maulspitze und dem Schwanzflossen-Ausschnitt oder dem Ende der kleinen weichen Strahlen der Schwanzflosse. Sie besteht aus 4 Dorn- und gegen 10 weichen Strahlen, deren Zahl wegen mangelhafter Erhaltung des Exemplars an dieser Stelle nicht genauer zu ermitteln war. Die Entfernung des letzten Strahles dieser Flosse von dem ersten kleinen ungetheilten Strahl der Schwanzflosse scheint ihrer eigenen Länge gleich zu kommen. Die Afterflosse besteht aus 4 Dorn- und 11 weichen Strahlen, wobei sie sich etwas weiter als die Rückenflosse nach hinten erstreckt. Die Bauchflossen sollen nach Agassiz 1 Dorn- und 6 weiche Strahlen enthalten. Die Brustflossen haben 10 lange, weiche Strahlen aufzuweisen. Sämmtliche Dornstrahlen sind sehr kräftig. Die Schwanzflosse ist schlecht erhalten; ebenso der Kopf, der eine genauere Darlegung seiner einzelnen Theile nicht gestattet.

Fundort: Die Baumberge bei Münster.

Acrogaster minutus m. Taf. VII. Fig. 1.

Acrogaster parvus Agassiz, poiss. foss. IV. t. 17. f. 1.

Die Länge beträgt 2 Zoll und die grösste Höhe ohne die Flossen 1 Zoll. Der Körper ist kurz, mit gebogenem Rücken und stark vortretendem Bauche, der mit Beginn der Afterflosse schnell nach dem Schwanze zu abnimmt. Die Schwanzwurzel ist nur 3,5 Linien hoch; ihre Höhe verhält sich demnach zur grössten Höhe des Rumpfes wie 1 : 3,5. Der Kopf ist wie an dem bei Agassiz abgebildeten Exemplar schlecht überliefert, doch erkennt man an dem mir vorliegendem Exemplar drei Kiemenbogen mit den Blättern und ausserdem eine Andeutung vor der Augenhöhle. Die Wirbelsäule ist zart; ihre Lage entspricht der Krümmung des Bauches. Sie bestand aus mindestens 20 Wirbeln, deren Fortsätze nicht auffallend kräftig waren. Die zarten Rippen sind länger als die halbe Höhe der Bauchhöhle. Die

Rückenflosse besteht aus 5 allmählich an Grösse zunehmenden, verhältnissmässig kräftigen, einander stark genäherten Dornstrahlen, denen 10 getheilte Strahlen folgen. Die Länge der Flosse kommt ihrer Entfernung von dem ersten kleinen ungetheilten Strahl der Schwanzflossen gleich. Die Schwanzflosse ist tief ausgeschnitten, so dass ihre längsten Strahlen mehr als doppelt so lang sind, als die kleinen mittleren; jede Hälfte besteht aus 10 (?) kleinen und einem grossen ungetheilten und 8 (?) getheilten Strahlen. Die Afterflosse enthält 3 starke Dorn- und 16 getheilte Strahlen, die an Länge denen in der Rückenflosse nachstehen. Sie beginnt hinter der dem Anfange der Rückenflosse gegenüberliegenden Stelle und erstreckt sich weiter als letztere Flosse nach dem Schwanze zu. Ihre Träger, sowie die der Rückenflosse, sind breit. Die Bauchflossen haben einen starken Dorn- und 6 getheilte Strahlen. Die Brustflossen lassen sich nicht erkennen.

Die vorzugsweise in der Bauchgegend sichtbaren Schuppen sind im allgemeinen klein; ausser ihnen besteht aber eine gepanzerte Seitenlinie, aus einer Reihe grösserer, fast eine Linie hoher, gekielter Schuppen zusammengesetzt.

Fundort: Die Baumberge bei Münster.

Acrogaster brevicostatus m. Taf. VII. Fig. 2.

Der stark vortretende Bauch, der gekrümmte Rücken, der Bau der Flossen und endlich die Grössenverhältnisse im Allgemeinen stimmen mit den zuvor beschriebenen Species von Acrogaster so sehr überein, dass ich nicht zu fehlen glaube, wenn ich auch diesen Fisch in dieselbe Gattung als dritte Species verlege. Er unterscheidet sich von den beiden andern Species

1. durch den noch stärker vortretenden Bauch, so dass die Höhe der Schwanzwurzel sich zur grössten Höhe des Rumpfes wie 1 : 4,5 verhält;

2. durch die grössere Ausdehnung der Rückenflosse, deren Entfernung von dem ersten kleinen ungetheilten Strahl der Schwanzflosse nur die Hälfte ihrer eigenen Länge beträgt; dabei besteht sie aus drei viel zärteren, nicht sehr langen Dorn- und 14 getheilten Strahlen, die sich sämmtlich, wie die der Afterflosse, auf Träger stützen, welche weniger breit sind, als bei A. minutus;

3. erkennt man in der Nackengegend zwei Dornstrahlen, auf welche sich ganz kurze Stacheln oder Dornen zu stützen scheinen. Leider lässt die Beschaffenheit des abgebildeten Exemplars über dieses, für die Classificirung des Fisches so wichtige Kennzeichen keine genauere Untersuchung zu; ein zweites Exemplar ist gleich von der Rückenflosse an bis zur Maulspitze auf eine Weise zerdrückt, dass sich von den Dornstrahlen der Nackengegend gar nichts erkennen lässt.

Die Länge des Fisches beträgt von der Maulspitze bis zum Beginn der mittleren Strahlen der Schwanzflosse 3 Zoll 1 Linie, wovon 1 Zoll und 4 Linien auf den Kopf kommen. Die grösste Höhe, zwischen den Bauchflossen und der Rückenflosse gelegen, beträgt 1 Zoll 6 Linien. Rücken und Bauch ziehen ziemlich steil dem Schwanze zu. Vom Kopfe sind ausser einigen Kieferresten noch drei Kiemenbogen mit ihren Blättern, die grosse Augenhöhle und der untere Gelenkbogen deutlich zu erkennen; die Kiemenhautstrahlen sind dagegen nicht sichtbar. Die Wirbelsäule ist zart und besteht aus mindestens 26 Wirbeln mit ebenfalls zarten Fortsätzen. Die oberen Fortsätzen der Bauchwirbel stehen unter einem beinahe rechten Winkel ab. Die Rippen sind breit und so kurz, dass ihre Länge noch nicht dem dritten Theil der Höhe der Bauchhöhle gleich kommt. Die Verhältnisse der Rückenflosse sind bereits oben besprochen worden. Die tief ausgeschnittene Schwanzflosse besteht in jeder Hälfte aus einer nicht genau bestimmbaren Anzahl kleiner und einem grossen ungetheilten, sodann aus acht getheilten Strahlen. Die Afterflosse hat 2 mässig starke Dorn- und 11 weiche Strahlen aufzuweisen; auch bei dieser Species erstreckt sie sich etwas weiter nach hinten als die Rückenflosse. Die Bauchflossen bestehen aus 1 Dorn- und 6 getheilten, die Brustflossen aus mindestens 10 weichen, ziemlich langen Strahlen. Es ist weder eine gepanzerte Seitenlinie noch überhaupt eine Spur von Schuppen sichtbar.

Fundort: Die Plattenkalke des Arenfeldes bei Sendenhorst.

Unterordnung: PHYSOSTOMI Müll.

Familie: Cyprinoidei.

Die Plattenkalke von Sendenhorst haben in jüngster Zeit einen Fisch geliefert, der leider nur in einem einzigen, schlecht erhaltenen Exemplar vorliegt. Dass derselbe den abdominalen Weichflossern angehört, ist freilich gleich zu erkennen; auch erinnern die grossen Schuppen, sowie die sehr kräftige Wirbelsäule, deren Bauchwirbel höher als lang sind, und endlich die breite Gestalt des Fisches schon bei oberflächlicher Betrachtung an den für die Gegend von Sendenhorst nicht seltenen, ebenfalls den abdominalen Weichflossern angehörenden Istieus grandis Ag. Bei näherer Vergleichung ergiebt sich indessen zwischen beiden eine bedeutende Verschiedenheit. Die Schuppen von Istieus grandis Ag. sind wohl von derselben Grösse; während man aber bei diesem, wie bei allen bekannten Istieus-Arten, nur äusserst feine concentrische Streifen bemerkt, zeigt der vorliegende Fisch stark radial gestreifte Schuppen. Letzterer hat ferner sowohl in den Bauch- als in den Brustflossen, eine grössere Zahl Strahlen aufzuweisen, und von der bei Istieus so charakteristischen, fast die ganze Länge des Rückens einnehmenden Rückenflosse gewahrt man an ihm keine Spur. Der Kopf unseres Fisches ist in der Weise überliefert, dass man den ganzen Verlauf des Stirnbeins mit den zu beiden Seiten befindlichen Knochentheilen verfolgen kann, während man vom Unterkiefer, den Kiemenhautstrahlen etc. keine Spur wahrnimmt. Unzweifelhaft nimmt der Fisch in seinem vorderen Theil eine Rückenlage ein, während der hintere Theil bei normaler Lage die Afterflosse erkennen lässt. Daher gewahrt man auch beide Bauchflossen, von denen die eine gut erhalten ist. Hätte nun die Rückenflosse den vorderen Theil oder die Mitte des Rückens eingenommen, so würde sie deutliche Spuren hinterlassen haben, zumal wenn der Kopf der Strahlenträger und die Basis der Flossenstrahlen so verstärkt gewesen wären, dass sie, wie in Istieus, eine Reihe dicker Knoten hätten bilden können. Es ist daher anzunehmen, dass in diesem Fisch die Rückenflosse weit hinten lag, und keinenfalls auch nur eine entfernte Aehnlichkeit mit der Rückenflosse im Genus Istieus besass. Unter den übrigen bekannten Kreide-Fischen finden wir keinen, der sonst eine erhebliche Aehnlichkeit mit dem in Rede stehenden besässe, auch hat die Tertiär-Periode keine ähnlichen Gestalten aufzuweisen. Zwar erinnern die gedrungene Gestalt, die grossen Schuppen, die hohen Wirbel und die bis zur Spitze deutlich gegliederten Flossenstrahlen an die von Agassiz beschriebenen Bruchstücke seines Cyclurus Valenciennesi; allein auch dieser Fisch besass eine lange, sehr entwickelte, Rückenflosse, von der sich an unserem Fisch, wie erwähnt, keine Spur auffinden lässt. Versucht man den Fisch nach den von ihm vorliegenden Resten in eine der bekannten Familien einzureihen, so ist man dabei wegen Mangels anderer wesentlicher und zur Unterscheidung dienlichen Theile auf die Schuppen angewiesen. Diese sind gross, mit starken radialen Streifen versehen und am Rande fein gekerbt. Unter den abdominalen Weichflossern haben die Cyprinoiden radial gestreifte Schuppen aufzuweisen, auch sind Fische von ähnlicher Körpergestalt genannter Familie nicht fremd. Ich bringe daher unseren Fisch vorläufig, bis besser erhaltene Exemplare ihm eine andere Stelle im System anweisen sollten, zu den Cyprinoideen, und zwar wegen der stark radial gestreiften Schuppen als

Gattung: Rhabdolepis m.

Für diese Gattung ergeben sich, nach dem was von ihr vorliegt, folgende Kennzeichen. Gedrungene Körperform mit mässig grossem Kopf und hohem Rumpfe. Kräftige Wirbelsäule; die Fortsätze der Schwanzwirbel sind kurz und stark. Die Rücken- und Schwanzflossen sind nicht überliefert, von der Afterflosse nur der Anfang von einigen Strahlen; sie lag sehr weit hinten und erstreckte sich wahrscheinlich bis zum Schwanze. Die Bauchflossen liegen ebenfalls ziemlich weit hinten. Die grossen und dicken Schuppen sind radial gestreift.

Rhabdolepis cretaceus m. Taf. XII. Fig. 1.

Die Länge des vorhandenen Bruchstücks beträgt von der Spitze des Riechbeins bis gleich hinter die Einlenkung des ersten Strahls der Afterflosse ungefähr 11 Zoll und die grösste Höhe kurz vor den Bauchflossen 3 Zoll 2 Linien, von wo dieselbe bis zum Beginn der Afterflosse sich bis auf 1 Zoll 4 Linien verringert. Der Kopf ist gegen 3 Zoll lang und zeigt das Stirnbein, Riechbein, Schläfenbein und einige Deckelstücke.

Die Zahl der Wirbel muss sehr beträchtlich gewesen seyn, da man ihrer noch gegen 60 unterscheidet. Die Schwanzwirbel sind 2 Linien lang und eben so hoch. Allein schon die Wirbel, welche auf die Mitte zwischen den Bauchflossen und der Afterflosse kommen, scheinen um ein Drittheil höher gewesen zu seyn, während ihre Länge kaum die der Schwanzwirbel erreicht. Der letzte erkennbare Wirbel weicht in Form von den übrigen auffallend ab, indem er stumpf konisch zugespitzt und dabei plattgedrückt erscheint. Die Fortsätze der Schwanzwirbel sind kurz, kräftig und bogenförmig gekrümmt. Die vorderen Rippen scheinen lang gewesen zu seyn.

Die Bauchflossen liegen fast in der Mitte zwischen der Afterflosse und den Brustflossen; jede derselben zeigt einen ungetheilten und 11 getheilte, sehr kräftige, bis 1,5 Zoll lange und bis fast zur Spitze deutlich gegliederte Strahlen. Die Beckenknochen haben einen länglich dreieckigen Eindruck hinterlassen. Von den Brustflossen ist die eine mit den Ansätzen zu 18 Strahlen, von der anderen nur die Stelle der Einlenkung vorhanden.

Die Schuppen sind 3,5 Linien hoch und zeigen bis 50 radiale Streifen.

Familie: Characini Müll.

Der Familie der Cyprinoideen schliesst sich nach J. Müller, dem wir bisher gefolgt sind, zunächst die Familie Cyprinodonten an, aus welcher unter den Kreide-Fischen von Sendenhorst und der Baumberge noch kein Repräsentant wahrgenommen wird. Dafür scheinen die nun folgenden Characinen in beiden Gegenden vertreten zu seyn. Diese gehören wie die Scopelinen und Salmen zu denjenigen beschuppten abdominalen Weichflossern, welche mit einer Fettflosse versehen sind. Die fossilen Fische, welche ich hieher zähle, sind abdominale Weichflosser mit einer deutlichen Fettflosse und kräftigen Zähnen. Ihr Körper war unzweifelhaft mit Schuppen bedeckt, deren Form sich jedoch nicht mehr nachweisen lässt. Da keine Aussicht vorhanden ist, die inneren Theile der fossilen Fische so überliefert zu sehen, dass man sich ihrer zur näheren Bestimmung des Fisches bedienen könnte, so sind es hauptsächlich die Zähne, auf die man im vorliegenden Fall angewiesen ist.

Die bekannten Genera der kleinen Familie der Leuchtfische, nämlich Saurus und Scopelus, weichen in ihrem Zahnbau wesentlich von unseren fossilen Fischen ab. Scopelus hat sehr kleine und Saurus, bei einer fast cylindrischen Körperform, zwar grössere, aber ziemlich gleichförmige, einfache Zähne, die in unseren Fischen dagegen stark und öfter mit Nebenzähnchen versehen sind, zwischen denen häufig andere, kleinere zum Vorschein kommen. Bei einer Species sitzen unzweifelhaft die stärksten Zähne vorn im Maule, was mehr an die Characinen, als an die Salmen erinnert; auch sind bei den ersteren mehrzinkige Zähne keine Seltenheit, wobei ich nur an den, auch hinsichtlich der Körperform nicht sehr abweichenden Agoniates halecinus Müll. und Trosch. erinnern will. Den Wechsel grösserer und kleinerer Zähne, sowie das Auftreten der grössten Zähne im vordersten Theile des Maules, zeigen Xiphorhamphus pericoptes und Hydrolycus scomberoides Müll. und Trosch. (Horae ichthyologicae, 1. u. 2. Hft. t. 5. f. 1a. f. 2. t. 7. f. 2). Die Characinen sind Süsswasserfische, während bei Sendenhorst auch unzweifelhafte Meeresbewohner vorkommen, ein Verhältniss, dem wir später wieder bei den Clupeoideen begegnen werden. Das Zusammenvorkommen der Characinen mit eigentlichen Seefischen lässt sich entweder dadurch erklären, dass es zur Kreidezeit Characinen gab, die zugleich Meeresbewohner waren, oder dass das Wasser des Beckens, woraus sich die Kreideschichten absetzten, allmählich von einem salzigen in ein brackisches oder süsses Wasser überging, wenn die in das Becken mündenden Bäche oder Flüsse einen Durchgang durch dasselbe fanden. Ich möchte mich eher für erstere Ansicht entscheiden, und zwar aus dem Grunde, weil dieselben Fische auch in den Baumbergen vorkommen, wo unzweifelhaft im Hangenden der Fisch-Schichten noch Schichten mit eigentlichen Meeresbewohnern, Corallen und Cephalopoden, angetroffen werden.

Die beiden hieher gehörigen Species habe ich bereits unter der

Gattung: Ischyrocephalus m.

in meiner Abhandlung über einige Wirbelthiere etc. der Westphälischen Kreide aufgeführt.

Die Gattung Ischyrocephalus enthält kräftige Fische mit flachem Körper und weit gespaltenem, durch starke Zähne bewehrten Maule. Die Zahl der Kiemenhautstrahlen ist mindestens 12. Eine Reihe länglich trapezoidischer, strahlig gefurchter Schilder erstreckt sich von den Scheitelbeinknochen bis zur ersten Rückenflosse. Die zweite Rückenflosse ist eine Fettflosse. Der dünne Schwanz bekommt durch die flügelartige Erweiterung der beiden vorletzten Schwanzwirbel einen stärkeren Halt. Es sind Raubfische, die selbst im versteinerten Zustand in der Magengegend Reste von verschlungenen Fischen, und in den gewundenen Därmen eine weisse, Kalkphosphat haltige Masse erkennen lassen.

Ischyrocephalus gracilis m. Taf. II. Fig 2.

Die Länge des Fisches von dem Ende der Schwanzflosse bis zur Spitze des Maules beträgt 11 Zoll 3 Linien, die grösste Höhe in der Bauchgegend 1 Zoll 10,5 Linien. Von hier nimmt dieselbe bis zur Fettflosse allmählich, dann aber plötzlich so bedeutend ab, dass die Höhe der Schwanzwurzel nur 5 Linien beträgt.

Der Kopf ist gegen 3 Zoll lang und ungefähr 2 Zoll hoch. Der Unterkiefer ist 1 Zoll 8 Linien lang und mit ziemlich tiefen Furchen gezeichnet. Er trägt in der hinteren Gegend kleine, stumpfliche und vorn zehn mehr oder minder kräftige, spitz kegelförmige Zähne, von denen die vordersten die längsten sind; der zweite erreicht 5 Linien Länge. Mehrzinkige Zähne sind nicht nachzuweisen. Die Zähne des Oberkiefers lassen sich nicht so gut erkennen; sie scheinen nach hinterlassenem Abdruck ebenfalls kräftig und spitz gewesen zu seyn. Die spitze Maulspitze ist so mangelhaft, dass es sich nicht mit Sicherheit ermitteln lässt, ob die an dieser Stelle sichtbaren Reste zweier Zähne dem Zwischen- oder Oberkiefer angehören. Zwölf ziemlich breite Kiemenhautstrahlen mit ihren Träger, einige

Deckelstücke, eine mässig grosse Augenhöhle und Reste des Scheitel- und Pflugschaarbeines sind zu erkennen.

Man zählt fast 50 Wirbel, von denen 26 dem Schwanz angehören. Die ersten Schwanzwirbel sind gegen 2 Linien lang, eben so hoch und nur wenig längsstreifig. Die oberen Wirbelbogen entspringen fast in der Mitte des betreffenden Wirbels, während die ähnlich gestalteten unteren Bogen ihre Einlenkung mehr am Vorderrande des Wirbels haben. Die Rippen sind lang. In der Schwanzgegend sind keine Spuren von Gräthen zu erkennen.

Die erste Rückenflosse liegt den Bauchflossen gegenüber und erstreckt sich bis zu der dem Beginn der Afterflosse entsprechenden Stelle. Sie enthält 2 kleine und 1 grossen ungetheilten Strahl, denen 15 getheilte Strahlen folgen, deren längster 1,5 Zoll misst. In der Mitte zwischen dieser und der Schwanzflosse liegt die Fettflosse auf einer buckelartigen Erhebung des Rückens; sie ist 11 Linien lang und 4 Linien hoch. Am besten erhalten ist die Schwanzflosse, die in jeder Hälfte aus 10 allmählich an Länge zunehmenden, platten, säbelförmigen, kleinen und einem ähnlich gestalteten, grossen, ungetheilten Strahl besteht, der, wie sein Vorgänger, deutlich gegliedert ist. Die getheilten Strahlen sind 8—9 an Zahl, und von diesen der längste 2 Zoll 2 Linien lang; eben so weit stehen die Endspitzen der Schwanzflosse auseinander. Die Afterflosse besteht aus 2 kleinen, einem grossen ungetheilten und 22 getheilten Strahlen, von denen der längste 1 Zoll 4 Linien misst. Die Rücken- und Afterflosse haben zarte Träger; die Bauchflossen jede mindestens 6 getheilte, ungefähr 10 Linien lange Strahlen; die Brustflosse 14—15 weiche, getheilte, bis 2 Zoll lange Strahlen.

Die Form und etwaige Zeichnung der eigentlichen Schuppen ist nicht zu erkennen; dagegen finden sich vor der Rückenflosse vier länglich trapezoidische, vom Mittelpunkt aus tiefstrahlig gefurchte Eindrücke, die sich bis zu den ähnlich geformten Scheitelbeinen erstrecken und unzweifelhaft von starken Schildern herrühren.

Fundort: Die Plattenkalke in der Bauerschaft Arnhorst bei Sendenhorst.

Ischyrocephalus macropterus m. Taf. III. Fig. 4.

Ein Fisch, der sich durch die Stellung seiner Flossen, durch das mit starken, spitzen Zähnen besetzte Maul, und durch die Gegenwart der zwischen Kopf und Rückenflosse befindlichen Schilder dem vorigen so enge anschliesst, dass ich kein Bedenken trage, ihn derselben Gattung beizulegen.

Das Taf. III. Fig. 4 abgebildete Exemplar, in den Baumbergen gefunden, liegt in der Sammlung des Herrn Berg-Expectanten Schlüter zu Paderborn. Es war lange Zeit das einzige mir bekannte Exemplar, und erst bei Niederschreibung dieser Notizen erhielt ich ein zweites, zwar kleineres aber gut erhaltenes Exemplar, sowie den Abdruck des Schädels von einem dritten, beide aus den Steinbrüchen des Arenfeldes bei Sendenhorst.

Diese Species besitzt einen etwas längeren Kopf als die vorige. Der Unterkiefer ist mit langen, spitzen Zähnen bewaffnet, von denen die grösseren an der Seite mit kleinen, stumpferen Nebenzähnchen versehen sind. Zwischen diesen grösseren erkennt man keine kleinere Zähnchen; auch nehmen die vordersten an Länge nicht in der Weise wie bei I. gracilis zu. Die Zähne im oberen Theile des Maules scheinen sich ähnlich verhalten zu haben, doch ist auch hier die Spitze des Maules nirgends deutlich erhalten. Nur an einem Exemplar sieht man die Zähne regelmässig von vorn nach hinten an Grösse abnehmen. Nebenzähnchen lassen sich nicht erkennen, wohl aber kleine Zähnchen, die mit den grösseren abwechseln.

Das abgebildete Exemplar zeigt ausserdem einen in der Richtung der vorderen Zähne liegenden, 11 Linien langen, länglich conischen Körper, den man im ersten Augenblick für einen Zahn halten könnte. Da aber auf den beiden anderen Abdrücken keine Spur von einem ungewöhnlich grossen Zahn wahrgenommen wird, so möchte ich eher glauben, dass dieser Körper ein Stück Kiefer ist. Die Zahl der Kiemenhautstrahlen ist grösser als bei der vorigen Art; an zweien Exemplaren lassen sich allerdings nur 12 solcher Strahlen unterscheiden, am dritten dagegen 16.

Die Anzahl der Wirbel wird nicht verschieden seyn; ausser den Fortsätzen und Rippen bemerkt man noch zahlreiche Gräthen.

Das grössere Exemplar, dessen gleich hinter der Fettflosse liegender Theil weggebrochen ist, misst 13,5 Zoll, so dass seine Totallänge 17 Zoll betragen haben dürfte, wovon 4 Zoll auf den Kopf kommen. Seine grösste Höhe beträgt 2,75 Zoll. Das kleinere Exemplar ist 8 Zoll 9 Linien lang und in der höchsten Gegend 1,5 Zoll, an der Schwanzwurzel nur 3,5 Linien hoch.

Schwanzflosse und Bauchflossen verhalten sich ganz wie bei Ischyrocephalus gracilis; auch von der Fettflosse sind Andeutungen vorhanden. Die übrigen Flossen lassen wesentliche Abweichungen wahrnehmen. Ob die Anzahl der getheilten Strahlen der Afterflosse verschieden ist, lässt sich nicht erkennen; aber die kleinen ungetheilten Strahlen fehlen hier wie in der Rückenflosse, welche letztere ausserdem nur 12 sehr kräftige, getheilte Strahlen besitzt. Die vorderen Strahlenträger der Rücken- und Afterflosse sind von merklicher Breite. Sehr entwickelt sind die Brustflossen, deren erster ungetheilter Strahl, wie der der Rückenflosse, lang und kräftig ist. Die 14 getheilten Strahlen jeder Brustflosse weichen zwar der Zahl nach nicht von denen des I. gracilis ab, allein die ganze Flosse ist verhältnissmässig breiter; bei dem abgebildeten Exemplar beträgt ihre Länge 3,5 Zoll und ihre Breite 2 Zoll.

Der Gegenwart länglich trapezoidischer Schilder zwischen dem Kopf und der Rückenflosse ist bereits gedacht. Wie bei der vorigen Species, so erkennt man auch an einem Exemplar von dieser in der Bauchgegend Reste von verschlungenen Fischen und einen vielfach gewundenen Darm mit kreideweissem, Kalkphosphat haltigem Inhalt.

Familie: Esoces.

Die Plattenkalke von Sendenhorst haben einen Fisch, freilich bis jetzt nur in einem einzigen Exemplar geliefert, der unzweifelhaft zu den eigentlichen Hechten gehört, und mit dem bei Agassiz (poiss. foss., V. t. 48. f. 5) abgebildeten Holosteus esocinus Ag. vom Monte-Bolca grosse Aehnlichkeit besitzt. Die angeführte Abbildung stellt einen aus verschiedenen Bruchstücken zusammengesetzten und restaurirten Fisch dar; von den Stücken glaubt Agassiz selbst nicht, dass sie alle von einem und demselben Individuum, ja nicht einmal von derselben Art herrühren. Träger ohne Flossenstrahlen sind an zwei Stellen angegeben, wo man weder Träger noch eine Flosse erwarten sollte. Auch würden nach Entfernung eines irrthümlich eingesetzten Bruchstückes die Längenverhältnisse für den Holosteus ganz anders ausfallen als nach der Abbildung. Demungeachtet lässt sich eine gewisse Aehnlichkeit zwischen dem Holosteus esocinus vom Monte-Bolca und unserem Fisch nicht verkennen. Sie liegt

1. in dem lang gestreckten Körper,
2. in der Form der Schwanzflosse,
3. in der weit zurückstehenden Rückenflosse,
4. in der fast bis zur Schwanzflosse reichenden Afterflosse,
5. in der Entfernung der Bauchflossen von der Afterflosse, und
6. in der Gegenwart zahlreicher Muskelgeräthen.

Wenn ich gleichwohl für unseren Fisch den Gattungsnamen Holosteus nicht beibehalte, so geschieht dies aus dem Grunde, weil das von Agassiz aufgestellte Genus durch das mangelhaft erhaltene einzige Exemplar nicht sicher genug begründet ist. Ich schlage daher für unseren Fisch die

Gattung: Palaeolycus m.

vor. Er ist lang, schmal und mit einem kurzen, gedrungenen Kopfe versehen. Der Unterkiefer trägt starke, der Zwischenkiefer kleine Zähne. Die Rückenflosse liegt weit hinten; die Afterflosse enthält zahlreiche Strahlen und reicht fast bis an die Schwanzflosse, die aus zwei weit aus einander stehenden, verhältnissmässig schmalen und kurzen Lappen besteht. Die Muskelgeräthen sind zahlreich.

Palaeolycus Dreginensis m. Taf. IV. Fig. 7.

Der Name zur Bezeichnung der Species ist dem Orte des Vorkommens entlehnt; es liegt nämlich die Umgebung von Sendenhorst im ehemaligen Drein-Gau (in pago Dregini).

Der Fisch ist 15,5 Zoll lang und seine grösste Höhe, die vom Nacken bis zum Schwanz ziemlich dieselbe bleibt, beträgt 1 Zoll 7 Linien.

Der Kopf ist kurz, nur 2 Zoll 4 Linien lang, und 1 Zoll 7 Linien hoch. Die Maulspalte besitzt 13 Linien Weite. Augenhöhle und Kiemendeckel gross, Kiemenhautstrahlen nicht sichtbar. Der Unterkiefer ist mit starken, 2 bis 3 Linien langen Zähnen besetzt. Das Maul ist in die Höhe gerichtet und beschreibt mit der Wirbelsäule einen Winkel von 130°.

Die Wirbelsäule besteht aus 74 Wirbeln, von denen 38 dem Schwanz angehören. Die Wirbel der Bauchgegend sind 2,5 Linien lang und 1,75 Linien hoch. Die Halswirbel zeigen am hinteren Ende oben eine vorspringende Leiste. Die Fortsätze sind mässig, die Rippen lang. Zahlreiche und kräftige Gräthen reichen bis zum Schwanze. Die Wirbelsäule liegt dem Rücken genähert; ihre Entfernung von demselben beträgt nur 6, vom Bauchrande 12 Linien.

Die Rückenflosse beginnt erst an der dem Anfange der Afterflosse gegenüberliegenden Stelle. Man erkennt 8 getheilte Strahlen. In der Nackengegend zeigen sich noch einige strahlenlose Träger. Die Schwanzflosse ist verhältnissmässig klein; es hat sich nur der untere Lappen von ihr erhalten, der aus 5 breiten, säbelförmigen, ungetheilten und aus ungefähr 8 getheilten Strahlen besteht. Die Afterflosse beginnt 5 Zoll 8 Linien vor der Schwanzflosse und besteht aus einem kleineren und einem grossen ungetheilten, sowie aus 30? getheilten Strahlen, von denen der dritte, der längste, 9 Linien misst. Die Träger dieser und der Rückenflosse sind dünn. Von den Bauchflossen ist nur der Eindruck des Beckenknochens erhalten; er liegt ein wenig hinter der Mitte zwischen den Brustflossen und der Afterflosse. Die Brustflossen, von denen nur die eine, und diese mangelhaft erhalten ist, müssen gegen 8 weiche Strahlen besessen haben.

Schuppen lassen sich nicht erkennen.

Gattung: Esox Cuv.

Auch die Gattung Esox besitzt in den Schichten der jüngsten Westphälischen Kreidebildungen ihren Vertreter, aber nicht in den Umgebungen von Sendenhorst, sondern in den Baumbergen. Was davon gefunden ist, ist freilich unvollständig; die vorhandenen Theile besitzen aber mit den entsprechenden in dem Hechte unserer Tage eine so grosse Aehnlichkeit, dass ich keinen Anstand nehme, den Fisch in das Genus Esox zu verlegen. Die weit nach hinten gerückte Rückenflosse, die dieser fast gegenständige, noch etwas weiter nach der Schwanzflosse sich ziehende Afterflosse, die zahlreichen Muskelgräthen, die vielstrahligen Bauch- und Brustflossen, verbunden mit der schlanken Körpergestalt, werden diese Stellung rechtfertigen.

Esox Monasteriensis m. Taf. III. Fig. 3.

An dem einzigen mir bekannten Exemplar ergiebt der Rumpf 5 Zoll 10 Linien Länge und 1 Zoll 3,5 Linien grösste Höhe. Von Schädel sind nur unbedeutende Bruchstücke der Kiemendeckel erhalten. Die Wirbelsäule ist zart; die einzelnen Wirbel sind längsgestreift, gut eine Linie lang, an ihren Enden eben so hoch. Ihre Zahl wird 75 bis 80 betragen haben. Die Fortsätze und Rippen sind ebenfalls zart. Die Rückenflosse besteht aus 7 einfachen und 15 getheilten Strahlen, die 10,5 Linien Länge erreichen. Die Träger dieser so wie der Afterflosse sind mässig breit. Vor dem Anfange der Schwanzflosse bemerkt man einige zarte Knöchelchen, die wohl die Träger der kleinen ungetheilten Strahlen des oberen Lappens der Schwanzflosse seyn werden. Die Afterflosse ist vollständig, es fehlen an ihr wenigstens nicht die vordersten Strahlen. Die Zahl sämmtlicher Strahlen beträgt 30. Die Bauchflossen sind der Afterflosse ziemlich genähert, und bestehen je aus mindestens 12 weichen Strahlen. Die Brustflossen sind sehr weich und enthalten zahlreiche lange Strahlen.

Das Original befindet sich in dem Museum zu Münster.

Familie: Esoces?

Gattung: Isticus Ag.

Anfangs glaubte Agassiz, die Gattung Isticus zu den Scomberoiden rechnen zu sollen; allein der Mangel an wirklichen nackten Dornstrahlen vor den getheilten Strahlen in der Rückenflosse war dieser Ansicht zu sehr entgegen, und veranlasste ihn, den Isticus den Hechten unterzuordnen. Maassgebend waren hiebei die grossen Schuppen, die bauchständigen Bauchflossen, die nach hinten gedrängte Afterflosse, die Form der Schwanzflosse und der bereits erwähnte Mangel an nackten Stachelstrahlen in der Rückenflosse. Als Gattungs-Charaktere bezeichnet er ferner: die äusserst kurzen und zahlreichen Wirbel, die grössere Anzahl von Fortsätzen gegenüber den an Zahl geringeren Strahlenträgern der längs des ganzen Rückens sich ausdehnenden Rückenflosse und den sehr entwickelten, länger als hohen Kopf mit kleinem Maul und hakenförmigen Zähnen.

Durch Untersuchung einer grösseren Anzahl von Fischen aus der Gattung Isticus sehe ich mich im Stande, diesen Kennzeichen Folgendes beizufügen.

Nicht ohne Bedenken kann ich diese Gattung der Familie der Hechte beizählen. Die von Agassiz vorgebrachten Gründe treffen allerdings zu, genügen aber um so weniger, als sie auf Kennzeichen beruhen, welche noch für andere Familien der Weichflosser, namentlich für einige Cyprinoideen passen. Mit letzteren hat Isticus ausserdem die Körpergestalt im Allgemeinen, die nicht zahlreichen, wohl aber breiten Kiemenhautstrahlen, das kleine Maul, die verhältnissmässig kleinen Zähne und den in mehreren Species vorspringenden Oberkiefer gemein. Andererseits lässt es sich nicht läugnen, dass die den Isticus kennzeichnende Rückenflosse den Cyprinoideen fremd ist. Aehnlich gebaut findet sie sich unter den jetzt lebenden Fischen bei Mormyrus, einer Gattung vor, die von Cuvier ebenfalls den Hechten, von Joh. Müller aber einer eigenen, zwischen den Hechten und Cyprinoideen stehenden Familie, Mormyri genannt, gebracht wird, die sich vorzugsweise durch die Gegenwart einer nackten, dicken, den Kopf mit den Kiemendeckeln und Kiemenhautstrahlen überziehenden Haut auszeichnet, von der freilich an unserem Istieus keine Spur wahrgenommen wird. Uebrigens haben die Mormyri, ausser der langen Rückenflosse, noch das kleine Maul, die kleinen Zähne, die rautenförmigen Kiemendeckel, die tief gespaltene Schwanzflosse und die Zahl der Kiemenhautstrahlen (sechs) mit Istieus gemein.

Die Gattung Istieus ist bis jetzt in der Westphälischen Kreide durch vier Species vertreten. Es sind kräftige Fische mit stark entwickelten Flossen, Wirbeln und Schädelknochen. Der Rücken bildet eine beinahe gerade Linie; nur bei einer Species ist der Nacken buckelförmig gebildet. Der Kopf ist bei den meisten ziemlich lang, das Maul mehr oder minder spitz und klein. Die Schädelknochen sind kräftig. Die Maulspalte ist höchstens 9 Linien weit bei einem Exemplar von I. macrocoelius, welches 21 Zoll Länge misst. Die Entfernung des Unterkiefers vom Oberkiefer beträgt bei geöffnetem Maule nur 3 bis 4 Linien. Die Zähne sind nicht gross, die vordersten am längsten und hakenförmig gekrümmt. Ein mittelgrosses Exemplar von I. mesospondylus besass im vorderen Theile des Maules Zähne von 1 Linie Länge, während die hinteren nur 0,6 Linie messen.

Die Rückenflosse besteht aus ungefähr 55 Strahlen, von denen die vier ersten ungetheilt sind. Die Basis der Strahlen ist bei I. macrocoelius, I. mesospondylus und I. gracilis mit einer einfachen Reihe grosser, rundlicher Schuppen bedeckt. Bei I. macrocephalus ist diese Schuppenscheide noch nicht beobachtet. Bei Agassiz ist sie in der Abbildung seines I. microcephalus (poiss. foss., V. t. 17, obere Abbildung) enthalten. Die vordersten Strahlen der Rückenflosse, mit Ausnahme der drei ersten ungetheilten, sind die längsten, doch nimmt die Länge derselben nicht stetig nach dem Ende der Flosse hin ab, sondern die Strahlen der Mitte sind über eine Linie kürzer als die kurz vor dem Ende auftretenden. Sämmtliche Strahlen sind an der Basis merklich verdickt und stützen sich auf kräftige, an ihrem oberen Ende knotig verdickte Träger. Dasselbe Verhalten zeigt auch die Afterflosse. Die Rückenflosse wie die Afterflosse erstrecken sich nicht ganz bis zur Schwanzflosse, doch zieht die Afterflosse nur ein wenig weiter. Bei grossen und mittelgrossen Exemplaren beträgt die Entfernung der Basis des letzten Strahls der Rückenflosse vom ersten, kleinen, getheilten Strahl der Schwanzflosse 1 Zoll 8 Linien. Die Schwanzflosse ist sehr entwickelt und tief gespalten. Sie bildet zwei schlanke, an ihrem Ende gerundete Lappen, die je aus 15 oder weniger kleinen und einem starken ungetheilten, sowie aus 9 getheilten Strahlen besteht.

Bekanntlich bespricht Kölliker in seinen Untersuchungen über „Die Wirbelsäule der Ganoiden und einiger Teleostier" (Lpzg. 1860) die Asymmetrie der Schwanzflosse. Ausgehend von den älteren Arbeiten Agassiz' über Heterocercie und Homocercie, wendet er sich zu den neueren Beobachtungen von v. Baer, Vogt, Heckel, Huxley und anderen, an welche er schliesslich seine eigenen Untersuchungen anreiht. Die asymmetrischen Schwanzflossen, sowie den abweichenden Bau der letzten Wirbel finden wir auch bei fossilen Fischen. Bei den Teleostiern unserer Kreide kommen diese Erscheinungen nicht selten vor; und wenn ich ihrer erst hier gedenke, so geschieht es, weil man an den grossen Exemplaren der Gattung Istieus die beste Gelegenheit findet, sie zu verfolgen. Man sieht das Bestreben der in ihrem Bau etwas abweichenden letzten Schwanzwirbel den oberen Lappen der Schwanzflosse zu erreichen und ihm eine Stütze abzugeben, während der untere Schwanzflossenlappen durch modificirte keilförmige Fortsätze gestützt wird. Ausser den Istieus-Species sind es vorzugsweise die Gattungen Sardinius und Sardinioides, von denen später die Rede seyn wird, welche diese Erscheinung mit grosser Deutlichkeit erkennen lassen.

Die Afterflosse von Istieus besteht aus 12 bis 15 Strahlen, von denen 3 bis 5 ungetheilt sind. Die Bauchflossen enthalten einen ungetheilten und 6 getheilte Strahlen. Die Brustflossen sind am wenigsten entwickelt; ihre Strahlen, deren Zahl 10 erreicht, sind kürzer als die der übrigen Flossen.

Die Wirbel sind sehr zahlreich; man zählt ihrer 95 bis 100. Die kleine Species I. macrocephalus Ag. besitzt die meisten, und die grösste Species I. macrocoelius die wenigsten Wirbel. Die Zahl der Schwanzwirbel ist grösser als die der übrigen (60 : 40). Die Fortsätze sind kurz, ihre grosse Zahl, verglichen mit der geringeren der Strahlenträger, bildet, wie bekannt, einen Haupt-Gattungscharakter.

Die Schuppen sämmtlicher Species von Istieus sind gross, fein concentrisch gestreift und haben einen rauhen Abdruck hinterlassen.

An keinem der vielen mir zu Gesichte gekommenen Exemplare dieser Gattung habe ich den Abdruck des Darmes oder einen Kalkphosphat haltigen Darminhalt wahrgenommen, was, im Zusammenhange mit den kleinen Zähnen, dafür sprechen dürfte, dass die Gattung Istieus keine Raubfische im eigentlichen Sinne des Wortes enthielt.

Wenige Gattungen unserer Kreidefische bieten hinsichtlich der sicheren Begründung der einzelnen Species solche Schwierigkeiten dar, wie das Genus Istieus. Agassiz beschreibt bekanntlich vier Arten: I. grandis, I. macrocephalus, I. microcephalus und I. gracilis. Es sind aber die Diagnosen so unsicher, dass diese vier Species nicht alle beibehalten werden können.

Die von Agassiz aufgestellten Unterscheidungs-Merkmale für die Species sind mit Hinweglassung der Gattungs-Merkmale folgende:

1. Istieus grandis (Ag. poiss. foss., V. t. 18).

Die Totallänge beträgt, ausschliesslich der Schwanzflosse, 16 Zoll, wovon 5 Zoll, ein Viertel der Totallänge, auf den Kopf kommen. Die Bauchhöhle ist sehr gross. Die Strahlenträger der Rückenflosse sind stark, die der Afterflosse weniger stark. Die Afterflosse endet so weit vor der Schwanzflosse, als ihre eigene Länge beträgt. Letzteres Verhältniss lässt sich an den Abbildungen nicht mit Sicherheit nachweisen, da an den Exemplaren die Schwanzflosse weggebrochen ist. Die Bauchflossen liegen in der Mitte des Körpers und bestehen aus 5—6 ziemlich langen, getheilten Strahlen.

2. Istieus macrocephalus (Ag. V. t. 16).

Das grössere Exemplar misst 15,5 Zoll Länge, wovon 3,5 Zoll auf den Kopf und 2,5 Zoll auf die Schwanzflosse kommen. An dem kleineren Exemplar erhält man von der Maulspitze bis zum letzten Wirbel 7 Zoll 6 Linien. Der Kopf ist 2 Zoll lang; er ist länger als bei der vorigen Species und nimmt mehr als ein Viertel von der Totallänge ein; dabei ist er hoch, und scheint sogar höher als der Rumpf gewesen zu seyn. Die zweilappige Schwanzflosse fällt durch ihre gerundete, fast abgestutzte Gestalt auf. Die Afterflosse zählt 12, die Bauchflossen 7 Strahlen; die Brustflossen verhalten sich wie die Bauchflossen.

3. Istieus microcephalus (Ag. V. t. 17).

Das grössere Exemplar misst von der Maulspitze bis zum Beginn der Schwanzflosse 11 Zoll 9 Linien, das kleinere nur 9 Zoll. Der Kopf des ersteren ist 3 Zoll, der des kleineren 2,5 Zoll lang; er kommt kaum dem fünften Theil der Körperlänge gleich. Die Wirbelsäule ist zart. Die Fortsätze an den Schwanzwirbeln sind etwas stärker. Ueber den Bauchflossen liegen Muskelgeräthen. Die Schnautze ist kurz und abgestutzt.

4. Istieus gracilis (Ag. V. t. 15).

Die Totallänge beträgt 12 Zoll, wovon 3 Zoll auf die Schwanzflosse und 3 Zoll 3 Linien auf den Kopf kommen. Schlanker Schwanz, dessen Flosse in zwei lange und spitze Lappen getheilt ist. Die gerundete Afterflosse ist einen Zoll lang. Die Rückenflosse besteht aus besonders feinen und kurzen Strahlen, was aus der Abbildung nicht zu entnehmen ist. Die Rücken- und Afterflosse erstrecken sich nicht so weit nach hinten, als bei den zwei zuletzt betrachteten Species. Die Bauchflossen enthalten 8—9 Strahlen.

Aus diesen Diagnosen erhält man als wesentlichste Kennzeichen

für Istieus grandis die grosse Bauchhöhle,

für Istieus macrocephalus und

für Istieus microcephalus das Verhältniss des Kopfes zur Totallänge, endlich

für Istieus gracilis die gerundete Afterflosse, die, wie die Rückenflosse, sich weniger weit nach hinten erstreckt, und die langen, spitzen Lappen der Schwanzflosse.

In den letzten Jahren fand ich Gelegenheit, zwanzig Exemplare von Istieus aus der Umgegend von Sendenhorst und mehrere Exemplare aus den Baumbergen zu untersuchen. Ich erkannte wohl schon auf den ersten Blick, dass sie verschiedenen Species angehören, doch wollte es mir nicht gelingen, sie mit Hülfe der von Agassiz aufgestellten Diagnosen sicher zu bestimmen. Zwar machte sich Istieus grandis Ag. durch seine grosse Bauchhöhle bemerkbar; allein das Verhältniss der Länge des Kopfes zur Länge des ganzen Thiers variirte bei diesen unzweifelhaft zu I. grandis gehörenden Exemplaren in ganz ähnlicher Weise, wie nach Agassiz' Angabe bei I. macrocephalus und microcephalus. Es veranlasste mich dies, mich nach sicherern Unterscheidungs-Merkmalen umzusehen, und glaube als solche

1. die Form des Kopfes,
2. die Höhenverhältnisse des Rumpfes,
3. den bei zwei Species buckelförmig sich erhebenden Nacken,
4. die Lage der Bauchflossen,
5. die Lage der Wirbelsäule und
6. die Anzahl der Rückenwirbel, verglichen mit der Körperlänge,

hervorheben zu können. Mit Hülfe dieser Merkmale unterscheide ich ebenfalls vier Species von Isticus, deren Darlegung ich nun folgen lasse.

Isticus macrocoelius m. Taf. IV. Fig. 1 – 5.

Isticus grandis Agassiz, poiss. foss., V. t. 18.
Isticus microcephalus Agassiz, poiss. foss., V. t. 17.

Diese Species ist die grösste von allen. Die von mir untersuchten Exemplare hatten eine Totallänge von 15 Zoll 8 Linien bis zu 21 Zoll. Der Kopf ist 3 Zoll 9 Linien bis 5 Zoll lang und 3 Zoll bis 3 Zoll 9 Linien hoch. Die Maulspalte misst 9 Linien Länge. Ober- und Zwischenkiefer stehen vor und sind länger als der Unterkiefer. Die Zähne des Unterkiefers sind 0,66 Linien lang und hakenförmig, auch auf dem Pflugschaarbein bemerkt man Zahnreste.

Die Höhe des Rumpfes beträgt in der Gegend des dritten Strahls der Rückenflosse, wo dieselbe am bedeutendsten ist, 3 Zoll bis 4 Zoll 5 Linien. In der Nackengegend ist sie ein wenig geringer. Nach hinten nimmt sie schneller ab, so dass sie bei dem grössten Exemplar am Ende der Bauchflossen nur noch 3 Zoll beträgt. In anderen Exemplaren verhält sich die Höhe des Rumpfes in der Gegend der vorderen Strahlen der Rückenflosse zu der Rumpfhöhe des Nackens und zu der Höhe in der Gegend der Enden der Bauchflossen

a. wie 1 : 0,98 und wie 1 : 0,80.
b. wie 1 : 0,98 und wie 1 : 0,78.
c. wie 1 : 0,96 und wie 1 : 0,77.
d. wie 1 : 0,98 und wie 1 : 0,80.

Die Entfernung der Wirbelsäule von der Rückenkante verhält sich zur Entfernung der Wirbelsäule von der Bauchkante in der Nacken- und vorderen Bauchgegend wie 1 : 1,48. Durch Messung erhält man:

	a.	b.	c.
Entfernung der Wirbelsäule von der Rückenkante	13‴ —	19‴ —	22‴
„ „ „ „ „ Bauchkante	19‴ —	30‴ —	31‴

Die Zahl der Wirbel beträgt 90. Ein mittelgrosses Exemplar besass Bauchwirbel von 1 Linie Länge und 3 Linien Höhe; bei grösseren Exemplaren steigt die Höhe dieser

Wirbel auf 4, ja sogar auf 5 Linien, wobei die Länge 3 Linien erreicht (Taf. VI. Fig. 2, doppelte Grösse). Die Schwanzwirbel sind durchschnittlich nur 1,8 Linien lang und 2 Linien hoch.

Die Rückenflosse beginnt je nach der Grösse des Fisches 1,5 bis 2,5 Zoll hinter dem Kopfe. Ihr erster getheilter und zugleich grösster Strahl misst 1 Zoll 9 Linien bis 2 Zoll; von da verkürzen sich die Strahlen bis zur halben Länge der Flosse, wo sie nur noch 1 Zoll 3 Linien messen, nehmen aber vor dem Flossenende wieder um 1 bis 2 Linien an Länge zu. Die grössten Strahlen der Schwanzflosse messen 3 Zoll 9 Linien bis 4 Zoll, die der Afterflosse 1 Zoll 9 Linien bis 2 Zoll Länge. Die Bauchflossen liegen genau in der Mitte zwischen den Brustflossen und der Afterflosse; ihre Strahlen sind 1 Zoll 9 Linien bis 2 Zoll lang. Viel kürzer sind die Brustflossen, deren Länge kaum einen Zoll erreicht zu haben scheint.

Die grossen Schuppen sind gegen 4 Linien hoch, fein concentrisch gestreift, mit kleinen braunen Fleckchen bedeckt und haben, wie bei den übrigen Species von Istieus, einen gekörnten Abdruck hinterlassen. Taf. IV. Fig. 3 stellt einige Schuppen in natürlicher Grösse, Fig. 4 einen Theil einer von Schuppe bei 50facher Vergrösserung dar.

Die Seitenlinie erhebt sich auch in der Nackengegend selbst bei grossen Exemplaren nur wenig, kaum 4 Linien über die Wirbelsäule.

Fundort: Die Plattenkalke der Umgegend von Sendenhorst.

Es liegt mir noch ein Exemplar dieses Fisches vor, dessen Kopf ich Taf. IV. Fig. 5 abgebildet habe. Sein Unterkiefer scheint mit einem Bartfaden (a) versehen zu seyn, der an seinem Ende sich etwas verbreitert und mehrzinkig aussieht. Es lässt sich freilich nicht mit voller Gewissheit behaupten, dass dieser Theil dem Fisch angehört, da ich ihn an vielen anderen Exemplaren derselben Species nicht wahrgenommen habe. Zu den vegetabilischen Resten auf derselben Platte gehört er nicht; diese verrathen sich schon durch die schwarzbraune Färbung ihrer kohlehaltigen Substanz, während der fragliche Körper eine gelbgraue, stellenweise glänzende Färbung besitzt. Dabei erscheint sein Auftreten an einer Stelle des Kopfes, welchem bisweilen solche Anhängsel nicht fremd sind, so dass man mindestens die Möglichkeit des Vorkommens eines Bartfadens einräumen wird. Jedenfalls war ich schuldig, der Erscheinung zu gedenken.

Istieus mesospondylus m. Taf. V. Fig. 1.

Diese Species findet sich bis zur Grösse von 16,5 Zoll einschliesslich der Schwanzflosse. Der Kopf ist 4 Zoll lang, die Maulspalte auch hier klein, indem sie selbst bei den grössten Exemplaren nur 7,5 Linien misst. Der Ober- und Zwischenkiefer scheinen nicht vorzutreten. Die Zähne erreichen die Länge einer Linie. Auf dem Pflugschaarbein erkennt man die Basis zahlreicher, dichtstehender, ziemlich gleich grosser, weggebrochener Zähne. Die Höhe des Rumpfes beträgt in der einen Buckel beschreibenden Nackengegend 3 Zoll. Von hier aus nimmt die Höhe nach hinten sehr allmählich und viel weniger schnell ab, als bei der vorigen Species. Die Rumpfhöhe in der Gegend der vorderen Strahlen der Rückenflosse verhält sich zu der Höhe in der Nackengegend und zu der Gegend des Endes der Bauchflossen

a. wie 1 : 1,094 und wie 1 : 1,0,

b. wie 1 : 1,180 und wie 1 : 1,09,

c. wie 1 : 1,110 ?

Die Wirbelsäule liegt in der Nacken- und vorderen Bauchgegend fast in der Mitte zwischen Rücken- und Bauchkante. Die Entfernung derselben von der Rückenkante verhält sich zur Entfernung von der Bauchkante wie 1 : 1,12. Die Zahl der Wirbel beträgt 95 bis 100; die einzelnen Wirbel zeigen in der Nackengegend eine Linie Länge und 8 Linien Höhe, während die Schwanzwirbel bei einer Höhe von 2 Linien nur 0,6 Linien lang sind.

Die grössten (vorderen) Strahlen der Rückenflosse sind 1 Zoll bis 1 Zoll 6 Linien lang, verkürzen sich in der Mitte der Flosse auf 9 bis 10 Linien und nehmen dann nochmals um 1 bis 1,5 Linie an Länge zu. Die grössten Strahlen der tief gegabelten, weichen Schwanzflosse sind 2 Zoll bis 3 Zoll 9 Linien, die vorderen Strahlen der Afterflosse 1 Zoll 3 Linien bis 1 Zoll 9 Linien lang. Die Bauchflossen liegen etwas mehr nach vorn, als bei Istieus macrocoelius, so dass die Entfernung der Brustflossen von der Einlenkungsstelle der Bauchflossen etwas kleiner ist, als die Entfernung letzterer Stelle von dem ersten Strahl der Afterflosse. Die Strahlen der Bauchflossen sind 1 Zoll 3 Linien bis 1 Zoll 9 Linien, die der Brustflossen nur 1 Zoll lang.

Auch diese Species besitzt grosse Schuppen, die in der Bauchgegend bis 3 Linien und in der Schwanzgegend bis 1,5 Linie hoch sind. Die Seitenlinie erhebt sich von der Schwanzflosse an ein wenig über die Wirbelsäule und steigt allmählich, bis sie in der Nackengegend die halbe Höhe zwischen Wirbelsäule und Rückenkante erreicht hat.

Fundort: Die Plattenkalke von Sendenhorst.

Istieus macrocephalus Ag. Taf. IV. Fig. 6. V. Fig. 3.

Istieus macrocephalus Agassiz, pois. foss., V. t. 16 (wenigstens das kleinere Exemplar).

Diese Species gehört zu den kleinsten, und zeichnet sich durch eine spitze Schnauze, durch einen langen Kopf, durch kräftige Schädelknochen und durch die im Verhältniss der Totallänge stehende grosse Anzahl von Rückenwirbeln aus. Der Oberkiefer tritt nicht unbedeutend vor; sein vorderster Theil (Riechbein?) hat einen herzförmigen Eindruck mit scharfer Spitze hinterlassen. Gleich unter demselben befindet sich die kleine Maulspalte, deren Gegenwart durch Eindrücke verrathen wird.

Das vollständigste mir vorliegende Exemplar misst 6 Zoll 9 Linien von der Maulspitze bis zum Beginn der Schwanzflosse. Der Kopf ist 2 Zoll 3 Linien lang und 1 Zoll 8 Linien hoch. Die grösste Höhe des Rumpfes liegt in der Nackengegend und beträgt

1 Zoll 6 Linien. Von hier aus nimmt die Höhe nach dem Schwanze rasch ab, so dass sie in der Gegend des Endes der Bauchflossen nur noch 1 Zoll beträgt.

Die Wirbelsäule liegt in der Nackengegend ungefähr in der Mitte zwischen Rücken- und Bauchkante und besteht aus mindestens 93 Wirbeln. Da die ganze Wirbelsäule nur 4,25 Zoll lang ist, so erscheint in dieser Species die Zahl der Wirbel auffallend gross. Die einzelnen Wirbel sind, wie in der Bauchgegend, nur 0,66 Linien lang und 1,5 Linien hoch.

Die grössten Strahlen der Rückenflosse sind 6 bis 8 Linien lang, weniger lang scheinen die der After- und Bauchflossen zu seyn, welche schlecht erhalten sind; die Brustflossen sind gar nicht zu erkennen, und von der Schwanzflosse sieht man nur die Basis der Strahlen.

Die grösseren Schuppen in der Bauchgegend besitzen 1,5 Linien Höhe.

Fundort: Die Plattenkalke von Sendenhorst.

Istieus gracilis Ag. Taf. V. Fig. 2.

Istieus gracilis Agassiz, pois. foss., V. t. 15.

Der von mir abgebildete Fisch hat in mancher Beziehung mit dem von Agassiz beschriebenen und in seinem Werk abgebildeten eine solche Aehnlichkeit, dass ich keinen Anstand nehme, ihn derselben Species beizulegen. Die bereits oben für Istieus gracilis Ag. hervorgehobenen Hauptcharaktere finden sich auch bei ihm vor.

Der ganze Fisch ist 14 Zoll 6 Linien lang. Die in die Nackengegend fallende grösste Höhe beträgt 2 Zoll; von da nimmt die Höhe allmählich ab, so dass sie in der Gegend des Endes der Bauchflossen 1 Zoll 7 Linien und am Ende der Afterflosse nur 8,5 Linien beträgt. Hiedurch erscheint die Schwanzwurzel länger und dünner, als bei den übrigen Species dieser Gattung.

Der Kopf hat eine Länge von 3 Zoll 9 Linien; sein Oberkiefer steht vor und ist mit linienlangen Zähnen bewaffnet. Die Maulspalte ist 6,5 Linien lang; das geöffnete Maul klafft 3 Linien auseinander.

Die Wirbelsäule liegt ungefähr in der Mitte zwischen Rücken- und Bauchkante. Die Anzahl und Grössenverhältnisse der einzelnen Wirbel sind die gewöhnlichen. Die vorderen Rippen sind kurz und bogenförmig nach hinten gekrümmt.

Die Rückenflosse scheint zärter gewesen zu seyn, als in einem gleich grossen Exemplar von Istieus macrocoelius; leider sind ihre vordersten Strahlen nicht erhalten. Auch diese Flosse besitzt eine kurze, aus einer Schuppe bestehenden Scheide, welche 1 Zoll 6 Linien vor den ersten Strahlen der Schwanzflosse endigt. Die Lappen der Schwanzflosse sind gegenseitig geneigt, was wohl eben so zufällig seyn wird, als an dem bei Agassiz abgebildeten Exemplar. Jedenfalls war die Flosse sehr weich und mit schmalen Lappen versehen; auch enthält sie weniger kleine ungetheilte Strahlen. Die Afterflosse zeigt die für Istieus gewöhnliche Form und endigt 1 Zoll 3 Linien vor der Schwanzflosse. Agassiz beschreibt diese Flosse als schmal und sehr gerundet; nach seiner Abbildung beträgt ihre ganze Länge an der Einlenkung der Strahlen nur 9 Linien, woraus sich ein Verhältniss ergiebt, das bei Istieus sonst nicht vorzukommen pflegt. Die Bauchflossen liegen, wie bei Istieus macrocoelius, mit dem überhaupt manche Aehnlichkeit besteht, in der Mitte zwischen den Brustflossen und der Afterflosse. Die Brustflossen haben nur einen Abdruck von der Stelle ihrer Einlenkung hinterlassen. Die Schuppen sind die gewöhnlichen.

Fundort: Die Plattenkalke von Sendenhorst.

Familie: Clupeacei Cuv.

Die Familie der Häringe zählt unter den Fischen der jüngsten Westphälischen Kreide-Bildungen zahlreiche Vertreter. Schon Agassiz, der die beiden Familien der Salmen und der Häringe zu einer einzigen vereinigte, welcher er den Namen Halecoiden beilegte, kannte drei dahin gehörige Fische, den Osmerus Cordieri Ag., Osmeroides microcephalus Ag. und Osmeroides Monasterii Ag. Von diesen sollte der erste „au grès-vert d'Ibbenbühren en Westfalie“, der zweite in den Baumbergen zwischen Coesfeld und Münster und der dritte zu „Ringerode près de Münster d'une couche supérieure au grès-vert“ gefunden seyn. Osmerus Cordieri ist aber meines Wissens nie bei Ibbenbühren, wo Grünsand gar nicht vorkommt, aufgefunden; dagegen gehört er, wie bereits oben angeführt, zu den allerverbreitetsten Fischen der Baumberge, welcher Localität sicher auch die von Agassiz beschriebenen Exemplare entnommen sind. Sein Osmeroides Monasterii gehört dem Plateau von Beckum an, da die Brüche auf Plattenkalk des Arenfeldes nur gegen dreiviertel Stunden von Rinkerode, einer Eisenbahn-Station zwischen Münster und Hamm, entfernt sind.

Hinsichtlich der Classificirung dieser Fische war Agassiz so sicher, dass er seinen Osmerus Cordieri einem Genus zurechnete, dessen lebende Vertreter sehr verbreitet und daher leicht zu untersuchen sind. Der lebende Eperlan (Osmerus oder Salmo Eperlanus L.) gehört unzweifelhaft zu den Salmen und besitzt namentlich eine deutliche Fettflosse. Aber weder bei dieser, noch bei einer der gleich zu beschreibenden verwandten Species, von denen ich mindestens 80 Exemplare zu vergleichen Gelegenheit fand, und die der grösseren Mehrheit nach ausgezeichnet erhalten waren, habe ich auch nur eine Spur von Fettflosse, ja nicht einmal eine diese Flosse verrathende Erhöhung der Rückenkante wahrgenommen; während die oben beschriebenen Characinen deutliche Abdrücke der Fettflosse hinterlassen haben. Von seinem Genus Osmeroides sagt Agassiz ausdrücklich: „il y a même des exemplaires qui ont conservé des traces de l'adipeuse“, ich bin aber nie so glücklich gewesen, bei den Species der Westphälischen Kreide auch nur eine Spur davon zu entdecken. Andererseits ist auch Agassiz selbst hinsichtlich der Zugehörigkeit seiner beiden Westphälischen Osmeroides,

Arten zu den Häringen wieder zweifelhaft, indem er zwar die grosse äussere Aehnlichkeit mit denselben zugiebt, aber gleichzeitig auf den Mangel an Brustrippen, oder eigenartig gestalteten Schuppen an der Bauchkante aufmerksam macht. Die Schuppen beider Gattungen waren Agassiz unbekannt. Später haben sowohl die Baumberge, wie die Umgegend von Sendenhorst vollkommenere Exemplare geliefert, und es gehört gerade nicht zu den Seltenheiten, schöne Abdrücke von Schuppen und selbst die Substanz der Schuppen zu erhalten. Diese sind wie die Schuppen der Cyprinoideen stark radial gestreift und lassen dabei ganz feine, concentrische Anwachsstreifen erkennen. Ueberhaupt zeigen manche hieher gehörige Fische mit gewissen Cyprinoideen eine überaus grosse Aehnlichkeit, so dass ich lange zweifelhaft war, ob ich sie zu dieser oder zu den Clupeoideen zählen soll. Besonders die kleinen Gattungen Leptosomus und Microcoelia, bei denen sich nur 3 Kiemenhautstrahlen finden, sowie Osmerus Cordieri Ag., dessen radial gestreifte Schuppen auffallend denen von Leuciscus Oeningensis gleichen, vermehrten die Schwierigkeiten, welche die Classificirung dieser Fische darbot. Agassiz Ausspruch: „Je ne connais pas un Cyprin fossile, qui ait été associé à des débris d'animaux marins", würde mich nicht abgehalten haben, die hier in Betracht kommenden Fische, welche mit eigentlichen Meeresbewohnern zusammen vorkommen, zu den Cyprinoideen zu bringen, schon aus dem Grunde, weil auch heute noch Cyprinoideen-Gattungen ebenso gut in süssem, wie in salzigem Wasser leben, wie z. B. Abramis-Arten; dann aber auch deshalb, weil wir gar nicht wissen können, ob nicht die Cyprinoideen früherer erdgeschichtlichen Perioden grössere Neigung verspürten wie ihre lebenden Verwandten in süssem und salzigem Wasser zu wohnen. Ich habe mich daher auch nicht abhalten lassen, unsere Ischyrocephalus-Arten den Characinen zuzugesellen, obgleich die jetzt lebenden Gattungen dieser Familie Süsswasserfische sind, und keinen Anstand genommen, selbst den Rhabdolepis cretaceus zu den Cyprinoideen zu bringen.

Die Gründe nun, die mich gleichwohl bestimmt haben, diese zu betrachtenden Fische den Clupeoideen beizuzählen, sind

1. das tief gespaltene, weit klaffende Maul, eine Eigenschaft, die bei weitem mehr den Fischen aus der Familie der Häringe, als den Karpfen zukommt.
2. Die äussere Aehnlichkeit der grösseren Arten mit dem eigentlichen Häring und des kleinen Osmerus Cordieri Ag. mit der Sardelle. Da aber zwischen diesen und den übrigen fossilen Gattungen wiederum eine so grosse Uebereinstimmung stattfindet, dass man dieselben nicht füglich in zwei verschiedene Familien verlegen kann, so habe ich auch meine Gattungen Leptosomus und Microcoelia nicht davon trennen mögen.

Ich bin indess weit entfernt, die Untersuchungen für geschlossen zu halten; es wäre möglich, dass fernere Funde die hier ausgesprochenen Ansichten abänderten.

Da ich Osmerus Cordieri Ag. nicht mehr als Osmerus fortführen konnte, so habe ich für ihn wegen seiner Aehnlichkeit mit einer Sardelle den Namen Sardinius gewählt. Demzufolge musste ich die beiden bereits bekannten Westphälischen Osmeroides-Arten als Sardinioides-Arten aufführen.

Gattung: Sardinius (Osmerus Ag.).

Schlank gebaute Fische mit verhältnissmässig grossen Flossen. Die Schwanzflosse tief gegabelt. Die Rückenflosse liegt in der Mitte des Rückens und besteht aus 5 ungetheilten und 13 bis 14 getheilten Strahlen, vor denen man mehrere strahlenlose Träger bemerkt. Die Brustflossen sind sehr entwickelt. Der Unter- und Zwischenkiefer lassen zahlreiche feine Bürstenzähnchen erkennen. Die Schuppen sind mit zarten concentrischen Anwachsstreifen und kräftigen radialen Furchen versehen. Bei vielen Exemplaren von Sardinius Cordieri erkennt man noch den weissen, Kalkphosphat haltigen Darminhalt, ein Beweis, dass diese Fische von thierischen Substanzen, etwa kleinen Krebsen lebten, an welchen in dem Becken von Sendenhorst kein Mangel war.

Sardinius Cordieri m. Taf. VII. Fig. 6. 7.

Osmerus Cordieri Agassiz, poiss. foss., V. p. 101. t. 60 d. f. 1. 2.

Ein Fisch von 4 bis 5 Zoll Länge, dessen Kopf 9 Linien lang und hoch ist. Dieselbe Höhe besitzt der Rumpf in der Bauchgegend. Vom Kopf, der abgeplattet zu seyn scheint, erkennt man den Unter- und den Zwischenkiefer, beide mit verhältnissmässig groben Bürstenzähnchen besetzt; ferner einen Theil des Stirnbeins, die Augenhöhle, das untere Gelenkbein und den Kiemendeckel. Kiemenhautstrahlen sind an keinem der mir zu Gesicht gekommenen Exemplar wahrzunehmen. An dem Kopfe des auf Taf. VII, Fig. 6 abgebildeten Exemplars fehlt ein Theil des Stirnbeins und des Oberkiefers. Die Wirbelsäule ist zart. Taf. VII. Fig. 6 zeigt einige erhaltene Schwanzwirbel; während die Knochensubstanz der Bauchwirbel entfernt und der Raum derselben mit Schwefelkies ausgefüllt ist. Auf Taf. VII. Fig. 7 hingegen sind die Wirbel selbst abgebildet. Die Zahl derselben beträgt ungefähr 45, von denen 21 dem Schwanz angehören. Sie sind fein längsgestreift, ungefähr eine Linie lang und nicht ganz so hoch. Die Rippen sind zart und, wie die Fortsätze, lang. Die grösste Höhe des Fisches verhält sich zur Länge der Wirbelsäule wie 1:3,5.

Die Rückenflosse besteht aus 3 kleinen und zwei grossen ungetheilten, sowie aus 14 getheilten Strahlen. Die Schwanzflosse hat 12 (?) kleine und einen grossen ungetheilten, sowie 9 getheilte Strahlen in jeder Hälfte; ihr längster Strahl misst 11 Linien. Für die Afterflosse ergeben sich ein kleiner, ein grosser ungetheilter und 18 getheilte Strahlen; sie erstreckt sich beinahe bis zum Beginn der kleinen Strahlen der Schwanzflosse. Die Bauchflossen liegen in der Mitte zwischen den Brustflossen und der Afterflosse, ein wenig hinter der dem

Beginn der Rückenflosse entsprechenden Stelle. Jede derselben besteht aus einem ungetheilten und 9 getheilten, bis 9 Linien langen Strahlen. Die Beckenknochen sind kräftige Knochen. Die Brustflossen, 1 Zoll 8 Linien lang, zählen einen ungetheilten und 10 getheilte Strahlen.

Die Seitenlinie ist undeutlich, doch scheint sie in der Bauchgegend in der halben Höhe zwischen Wirbelsäule und Rückenkante zu liegen, von wo sie sich allmählich bis zum letzten Schwanzwirbel senkt.

Wie in den Baumbergen, so gehört auch in der Gegend von Sendenhorst dieser Fisch zu den häufigeren. Er ist sowohl in den Steinbrüchen des Arenfeldes, wie in denen der Bauerschaft Bracht gefunden.

Sardinius macrodactylus m. Taf. VI. Fig. 1.

Diese Spezies unterscheidet sich von der vorigen durch beträchtlichere Grösse und geringere Schlankheit, indem die grösste Körperhöhe sich zur Länge der Wirbelsäule nur wie 1 : 2,5 verhält. Dann auch sind sämmtliche Flossen, vorzugsweise die Brustflossen, noch mehr entwickelt, als bei S. Cordieri.

Die Totallänge beträgt 7,5 bis 9 Zoll und die in die Nackengegend fallende grösste Höhe, bei letzter Länge, 1 Zoll 10,5 Linien. Der Kopf ist 2 Zoll 7 Linien lang. Man unterscheidet daran mehrere Knochen, so den Unter-, Zwischen- und Oberkiefer, das Keilbein, das untere Gelenkbein des Schläfenbeins, die Deckelstücke und 10 Kiemenhautstrahlen mit ihrem Träger.

Der Wirbel zählt man 45, von denen 20 dem Schwanz angehören. In der Bauch- und vorderen Schwanzgegend beträgt ihre Höhe und Länge 1,5 Linien. Die Schwanzwirbel tragen kräftige Fortsätze; die Rippen sind mässig lang und dünn. In der Bauchgegend erkennt man auch Muskelgräthen.

Die Rückenflosse ist 1,5 Zoll hoch und besteht aus 4 kleinen, einem grossen ungetheilten und 13 getheilten Strahlen. Sie ruhen auf kräftigen Trägern, von denen sich namentlich die vorderen nach oben hin keilförmig verbreitern. Die Schwanzflosse ist fast bei allen Exemplaren von ausgezeichneter Erhaltung und besteht in jeder Hälfte aus 10 kleinen, einem grossen ungetheilten und 9 bis 10 getheilten Strahlen, deren längste 2 Zoll messen. Die Entfernung der äussersten Enden ihrer Lappen beträgt 2 Zoll und 6 Linien. Die Afterflosse liegt etwas mehr nach hinten, als bei Sardinius Cordieri, und erreicht die kleinen Strahlen des unteren Lappens der Schwanzflosse. Sie zählt einen kleinen, einen grossen ungetheilten und 16 getheilte Strahlen. Jede Bauchflosse enthält einen ungetheilten und 8 getheilte Strahlen. Die Brustflossen sind am meisten entwickelt; jede derselben besteht aus einem ungetheilten und 18 getheilten, bis zu 2 Zoll langen Strahlen.

Fundort: Die Plattenkalke der Umgebung von Sendenhorst.

Gattung: Sardinoides m. (Osmeroides Ag. zum Theil).

Die Species dieser Gattung, der die meisten Fische von Sendenhorst angehören, zeichnen sich durch einen sehr regelmässigen Bau aus. Ihre Körperform besitzt mit dem zuletzt beschriebenen Fische grosse Aehnlichkeit, doch fällt gleich der Mangel grosser Brustflossen auf. Diese müssen sogar sehr zart und klein gewesen seyn, da nur selten Spuren davon überliefert sind. Man zählt nicht über 8 ziemlich breite Kiemenhautstrahlen. Die Zähne sind auch hier sehr klein. Die Wirbel sind robuster und geringer an Zahl. Von strahlenlosen Trägern in der Nackengegend sind kaum Spuren vorhanden. Die Rückenflosse ist ein wenig mehr nach vorn gerückt. Die Bauchflossen sind von den Afterflossen auf eine ihrer eigenen Länge gleichkommende Entfernung getrennt. Die sehr entwickelte Schwanzflosse ist tief gespalten. Die Schuppen sind gross und gewimpert, übrigens auch hier mit feinen concentrischen Anwachsstreifen versehen.

Sardinoides crassicaudus m. Taf. VI. Fig. 4.

Ein kräftiger, untersetzter Fisch, dessen Höhe an der Schwanzwurzel sich zur Länge der ganzen Wirbelsäule (vom letzten ächten Wirbel bis zu den Deckelstücken am Kopfe) wie 1 : 3,4 verhält. Er misst von dem äussersten Ende der Strahlen der Schwanzflosse bis zur Maulspitze 9 Zoll. Die Höhe des Rumpfes beträgt in der Nackengegend 2 Zoll 6 Linien, während die Schwanzwurzel 1 Zoll 4 Linien hoch ist.

Vom Kopf ist nur der vordere Theil gut erhalten; die Deckelstücke sind sehr beschädigt und unkenntlich. Zähne sind nicht erkennbar. Unter- und Zwischenkiefer, das untere Gelenkbein des Schläfenbeins, Theile des Jochbeins, die mässig grosse Augenhöhle und der Hinterdeckel sind vorhanden. Man zählt 27 sehr kräftige Wirbel, von denen 16 mit starken Fortsätzen versehene Schwanzwirbel sind. Die Bauchwirbel sind 2 Linien lang und 3 Linien hoch, dabei längsgestreift. Die Rippen sind mässig lang, dagegen die vorderen oberen Wirbelbogen sehr kurz.

Die Rückenflosse besteht aus 3 kräftigen ungetheilten und 12, von einander ziemlich entfernt stehenden, getheilten Strahlen, welche sich, mit Ausnahme des ersten ungetheilten Strahls, auf je einen verbreiterten Träger stützen. Der erste Flossenstrahl hat zwei Träger, die bei den folgenden Species viel zärter sind. Die Länge der Rückenflosse verhält sich zu dem zwischen Rücken- und Schwanzflosse liegenden Raum, wie 1 : 1,2. Die Schwanzflosse ist verhältnissmässig kurz und an ihr nur der obere Lappen vollständig erhalten, welcher aus 10 kleinen, einem grossen ungetheilten und 8 getheilten, bis 1 Zoll 8 Linien langen Strahlen besteht. Die Afterflosse enthält einen kleinen, einen grossen ungetheilten und 8 getheilte Strahlen, die nicht bis zur Schwanzflosse reichen. Die Bauchflossen sind von der

Afterflosse durch einen ihrer eigenen Länge gleichkommenden Raum getrennt und bestehen aus einem sehr kräftigen ungetheilten und 5 mehrfach getheilten Strahlen. Von den beiden Brustflossen ist nur die Einlenkungsstelle der einen angedeutet.

Die Schuppen sind gross, gegen 3,5 Linien hoch und am Rande stark gewimpert. In der Schwanzgegend bedecken 5 bis 6 Reihen Schuppen jede Seite des Fisches. Die Seitenlinie ist nur in der Nackengegend sichtbar, wo sie sich mit kräftigen Eindrücken über die Wirbelsäule erhebt.

Vorkommen: In den Plattenkalken der Bauerschaft Bracht, südlich von Sendenhorst.

Sardinioides Monasterii m. Taf. VI. Fig. 2 u. Taf. VII. Fig. 10.

Osmeroides Monasterii Agassiz, poiss. foss., V. p. 103. t. 60d. f. 3.

Dieser Fisch besitzt mit dem gleich zu beschreibenden Osmeroides microcephalus eine solche Aehnlichkeit, dass ich eine Zeit lang ungewiss war, ob hier zwei Species oder nur eine einzige, in zwei durch Alter oder Entwickelung verschiedene Exemplare vorliegen. Schliesslich habe ich mich doch für Beibehaltung der von Agassiz aufgestellten Species entschieden. Agassiz gründet die Trennung dieser beiden Fische hauptsächlich auf folgende Unterscheidungsmerkmale:

1. die Zahl der Wirbel sey bei Sardinioides Monasterii kleiner, als bei S. microcephalus.
2. Sardinioides Monasterii habe einen im Verhältniss zur Totallänge grösseren Kopf.

Auf dieses Merkmal legt bei fossilen Fischen Agassiz grosses Gewicht, doch ist der Erhaltungszustand derselben oft der Art, dass sich die Gränzen des Kopfes nicht mit aller Sicherheit erkennen lassen, oder dass es ungewiss gelassen werden muss, ob der Kopf und seine gewöhnlich nur lose zusammenhängenden und daher nur leicht verschiebbaren Theile noch ihre natürliche Lage einnehmen. Dieses Merkmal ist daher nur mit grosser Vorsicht zur Unterscheidung der Species anzuwenden. In vorliegendem Fall finde ich die von Agassiz aufgestellten Unterscheidungsmerkmale nicht immer zutreffen, und ich möchte ihnen daher noch folgende beifügen.

Sardinioides Monasterii ist in allen Theilen kräftiger und gedrungener, hat eine höhere Schwanzwurzel und etwas mehr nach vorn gerückte Bauchflossen. Es verhält sich die grösste Höhe des Rumpfes in der Bauchgegend zur Totallänge bei S. Monasterii wie 1 : 3,6, bei S. microcephalus wie 1 : 4,5.

Die durchschnittliche Grösse dieses Fisches beträgt 7 Zoll, die grösste Höhe 1 Zoll 11 Linien, die in der Gegend der Schwanzwurzel bis auf 10,5 Linien herabsinkt.

Der Kopf war beschuppt; wenigstens erkennt man noch unterhalb der mässig grossen Augenhöhle deutliche Abdrücke von Schuppen. Die Zahl der Kiemenhautstrahlen beträgt nicht unter fünf.

Man zählt gegen 30 längsgestreifte Wirbel, von denen 16 dem Schwanz angehören. In der Bauchgegend sind die einzelnen Wirbel 1,5 Linie lang und 1,3 Linie hoch; mithin verhältnissmässig zärter, als bei der vorhergehenden und nachfolgenden Species. Die Wirbel-Fortsätze und Rippen gleichen denen von S. crassicauda.

Die Rückenflosse besteht aus 5 kleinen, einem grossen ungetheilten und 10 getheilten Strahlen, deren längster 1 Zoll 4 Linien misst. Der obere Lappen der Schwanzflosse ist grösser als der untere und besteht aus 10 kleinen, einem grossen ungetheilten und 9 getheilten Strahlen, deren längster 1 Zoll 11 Linien ergiebt, der entsprechende Strahl des unteren Lappens nur 1 Zoll 8 Linien. Die Afterflosse besteht aus 2 kleinen, einem grossen ungetheilten und 7 getheilten Strahlen; sie reicht nicht ganz so weit nach hinten, als bei der vorigen Species. Die Bauchflossen enthalten einen ungetheilten und 5 getheilte Strahlen, und von den Brustflossen ist auch hier nur die Einlenkungsstelle sichtbar.

Schuppen und Seitenlinie verhalten sich wie bei voriger Species.

Vorkommen: In den Plattenkalken der Bauerschaft Bracht und Arnhorst bei Sendenhorst.

Sardinioides microcephalus m. Taf. VI. Fig. 3. Taf. VII. Fig. 9.

Osmeroides microcephalus Agassis, poiss. foss., V. p. 104. t. 60. f. 4.

Die Merkmale, durch welche sich diese Species von der vorigen unterscheidet, sind bereits bei der Beschreibung letzterer angegeben.

Die Totallänge des Fisches beträgt bis 6 Zoll 6 Linien, wobei die grösste Höhe in der Nackengegend 1 Zoll und 5 Linien erreicht, die sich aber in der Gegend der Schwanzwurzel auf 8,25 Linien verringert. Der Kopf ist nicht so hoch wie der Nacken; er lässt an den verschiedenen mir vorliegenden Exemplaren die Kieferknochen mit undeutlichen Spuren der äusserst kleinen Zähnchen, ferner die Deckelknochen, das untere Gelenkbein des Schläfenbeins, das Jochbein, das Keilbein, endlich auch sechs Kiemenhautstrahlen mit ihrem Träger erkennen.

Man zählt 27 bis 30 Wirbel, von denen 15, mit verhältnissmässig schwachen Fortsätzen versehen, dem Schwanze angehören. In der Bauchgegend haben die Wirbel eine Länge von 1,5 bis 2 Linien bei 1,5 Linien Höhe.

Die Rückenflosse besteht aus 2 bis 3 kleinen, einem grossen ungetheilten und 9 bis 10 getheilten Strahlen. Die Schwanzflosse enthält in ihrem oberen Lappen 9 bis 10 kleine, einen grossen ungetheilten und 9 getheilte Strahlen. Die Afterflosse zählt 2 kleine, einen grossen ungetheilten und 7 bis 8 getheilte Strahlen. Jede der Bauchflossen enthält einen ungetheilten und 5–6 getheilte Strahlen. Die beiden Brustflossen habe ich nur an einem einzigen Exemplar beobachten können, wo ich 10 bis 12 zarte Strahlen für eine Flosse zählte.

Schuppen und Seitenlinie verhalten sich wie bei der vorhergehenden Species. Die Schuppen sind auch hier ziemlich gross, am freien Rande gewimpert und erstrecken sich über das Operculum hinaus.

Vorkommen: Der verbreitetste Fisch in den Plattenkalken der Umgegend von Sendenhorst.

Sardinioides tenuicaudus m. Taf. VII. Fig. 8.

Von dieser Art liegt nur ein einziger Abdruck vor, und zwar von schlechter Erhaltung. Es fehlt nämlich ein Stück Kopf, und die Flossen lassen sich mehr nach ihrem Umfange, als nach der Zahl und Verschiedenheit der Strahlen beurtheilen. Von Sardinioides microcephalus, dem die Species am nächsten steht, unterscheidet sie sich:

1. Durch grössere Schlankheit des ganzen Körpers, da die grösste Höhe desselben bei einer muthmasslichen Körperlänge von 8 Zoll nur 1 Zoll 3,5 Linien beträgt, während sie sich bei einem Exemplar des S. microcephalus von 6 Zoll 6 Linien Länge schon auf 1 Zoll und 5 Linien beläuft.
2. Durch geringere Höhe der Schwanzwurzel. Vergleicht man diese mit der Länge der Rückenwirbelsäule, so verhält sie sich bei den verschiedenen Sardinioides-Arten, und zwar

bei S. crassicaudus	. . . .	wie 1 : 8,8;
bei S. Monasterii	. . . .	„ 1 : 4,4;
bei S. microcephalus	. . . .	„ 1 : 5; und
bei S. tenuicaudus	. . . .	„ 1 : 6,7.

3. Durch kleinere Rückenflosse.
4. Durch sehr entwickelte Schwanzflosse, deren längste Strahlen 1 Zoll und 9 Linien messen.

Auch hier zählt man 30 Wirbel, von denen 16 Schwanzwirbel sind.

Vorkommen: In den Plattenkalken der Bauerschaft Bracht bei Sendenhorst.

Gattung: Microcoelia m.

Schon oben habe ich angedeutet, dass die kleinen Fische, die wir nun zu betrachten haben, noch grössere Schwierigkeiten hinsichtlich der Classification als die Gattungen Sardinius und Sardinioides bereiten, hauptsächlich deshalb, weil ihre drei Kiemenhautstrahlen an die kleinen Cyprinoideen der Gattungen Leuciscus und Aspius erinnern. Zugleich aber habe ich die Gründe angegeben, welche mich bestimmen mussten, sie dennoch den Clupeoideen beizuzählen.

Von den vorher beschriebenen unterscheidet sich die Gattung Microcoelia durch einen verhältnissmässig langen Schwanz, so wie durch den dadurch bedingten kurzen Bauch, welcher Bauart die an Strahlen reiche Afterflosse und die sehr nach vorn gerückten Bauchflossen entsprechen. Die Rückenflosse liegt ungefähr in der Mitte des Rückens. Die Wirbel sind kurz, die des Schwanzes sind mit kräftigen Fortsätzen versehen. Die Strahlenträger der Afterflosse sind kurz, die Schuppen und Schädelknochen fein gekörnt.

Microcoelia granulata m. Taf. V. Fig. 4.

Ein zierliches, gut erhaltenes Fischchen, nur erst in einem einzigen Exemplar gefunden. Seine Totallänge beträgt 3 Zoll; die grösste Höhe in der Bauchgegend 9 Linien, von wo sie nach der nur 8 Linien hohen Schwanzwurzel allmählich abnimmt. Der Kopf wird ebenfalls bis 9 Linien hoch und ebenso lang gewesen seyn; man erkennt an ihm die Kieferknochen, das untere Gelenkbein des Schläfenbeins, die mässig grosse Augenhöhle und 3 Kiemenhautstrahlen.

Die Zahl der Wirbel wird 42 gewesen seyn, von denen 20 Schwanzwirbel sind; letztere tragen kräftige, fast gerade und nicht sehr lange Fortsätze. Die einzelnen Wirbel sind 0,6 Linien lang und ebenso hoch; eine Längsstreifung derselben ist kaum angedeutet. Die Rippen sind zart.

Die Rückenflosse ist am schlechtesten erhalten und scheint aus einem ungetheilten und 6 getheilten Strahlen zu bestehen. Die nicht sehr tief gabelspaltige Schwanzflosse lässt in jeder Hälfte 3 kleine, einen grossen ungetheilten und 7 bis 8 getheilte Strahlen erkennen, deren längster 9 Linien misst. Die Afterflosse enthält 2 kleine, einen grossen ungetheilten und 21 bis 22 getheilte Strahlen, sie erstreckt sich bis kurz vor den ersten kleinen Strahl der Schwanzflosse. Die Bauchflossen bestehen aus einem ungetheilten und 6 getheilten Strahlen; sie liegen gleich hinter den Brustflossen, deren Gegenwart durch Reste von 8 Strahlen schwach angedeutet ist.

Die Schuppen sind mässig gross; Streifung und Randwimpern sind nicht zu erkennen, wogegen sie mit zahlreichen feinen Körnchen übersäet sind. Die Seitenlinie erhebt sich gleich vom letzten Schwanzwirbel an, und lässt sich in der halben Höhe zwischen Wirbelsäule und Rückenkante bis in die Nackengegend verfolgen.

Fundort: Die Plattenkalke des Arenfeldes bei Sendenhorst.

Gattung: *Leptosomus* m.

In meiner Abhandlung „Ueber einige Wirbelthiere etc. der Westphälischen Kreide“ habe ich auch eines kleinen Fisches erwähnt, der nach den damals vorgelegenen, sehr mangelhaften Resten einem jugendlichen Sardinioides microcephalus nahe zu stehen schien. Da dieser aber immer sehr deutliche Abdrücke seiner Schuppen hinterlassen hat, die bei jenem Fischchen nicht wahrzunehmen waren, so bezeichnete ich sie damals mit dem Namen Clupea Gocaphalica, in der Erwartung, dass durch spätere Funde die Natur sich richtiger werde ermitteln lassen. Es haben sich nun auch wirklich Exemplare gefunden, woran sich erkennen lässt, dass diese Fische nichts anderes sind als die Jugend von Sardinioides microcephalus, was namentlich durch die Stellung der Rücken- und Bauchflossen, durch die Zahl der Kiemenhautstrahlen, sowie durch die Höhe der Schwanzwurzel und die derberen Wirbel zur Gewissheit wird. Ein Exemplar der Art habe ich Taf. VII. Fig. 9 abgebildet.

Ausser diesen Fischen ist aber ein anderer, noch zärterer Fisch in ungefähr 10 Exemplaren aufgefunden, dessen Körperform wesentlich von der der letzt erwähnten abweicht. Das Verhältniss der Höhe der Schwanzwurzel zur Länge der Wirbelsäule, d. h. bis zum Beginne der Deckeltheile des Kopfes, ist wie 1 : 7,6, und selbst wie 1 : 8,5. Die Länge der Rückenflosse verhält sich zur Entfernung des ersten Strahles der Rückenflosse von der Schwanzflosse wie 1 : 4,5. Der Fisch hatte mithin einen langen, dünnen Schwanz, dem aber eine sehr entwickelte, tief gespaltene Flosse von fast viermal der Höhe der Schwanzwurzel angehörte. Er besass drei Kiemenhautstrahlen.

Leptosomus Guestphalicus m. Taf. VIII. Fig. 4. 5.

Die Länge dieses kleinen Fisches beträgt 2 Zoll 9 Linien bis 3 Zoll 2 Linien und die grösste Höhe in der Nackengegend 5,5 bis 6,5 Linien; diese Höhe verringert sich nach der Schwanzwurzel bis auf 1,8 Linie.

Der Kopf ist verhältnissmässig gross, doch sind seine Theile nicht gut erhalten, so dass ausser den Kieferknochen, einigen Deckelstücken und dreien Kiemenhautstrahlen nur undeutliche Knochenfragmente zu unterscheiden sind. Man zählt gegen 33 Wirbel, von denen die grössten eine halbe Linie lang und nicht ganz so hoch sind. Die Wirbelfortsätze und Rippen sind äusserst zart.

Die Entfernung des ersten Strahles der Rückenflosse von der Maulspitze ist dieselbe, wie die Entfernung des letzten Strahls dieser Flosse von der Schwanzflosse. Die Rückenflosse hat einen kleinen und einen grossen ungetheilten, so wie 9 getheilte Strahlen. Die Schwanzflosse besteht in jeder Hälfte aus 10 kleinen, einem grossen ungetheilten und 8—9 getheilten Strahlen. Sie ist tief ausgeschnitten, so dass ihre längsten Strahlen 9 Linien und die kleinsten, mittelsten nur 2,5 Linien lang sind. Die Afterflosse endet so weit vor der Schwanzflosse, wie ihre eigene Länge beträgt, und besteht aus einem kleinen, einem grossen ungetheilten und 9 bis 10 getheilten Strahlen. Die Bauchflossen liegen vor jener Stelle der Bauchkante, welche dem ersten Strahl der Rückenflosse entspricht, und bestehen aus einem ungetheilten und 7 getheilten Strahlen. An einem Exemplar sind von den Brustflossen nur Spuren sichtbar.

Die Schuppen sind nicht erhalten.

Fundort: Die Plattenkalke des Arenfeldes bei Sendenhorst.

Zu der Familie der Häringe-artigen Fische möchte ich noch einige abdominale Weichflosser bringen, die auf den ersten Blick durch eine ungewöhnliche Entwickelung der Brustflossen auffallen, und dadurch an Formen der jetzt lebenden Gattung Exocoetus erinnern. Alle hieher gehörige Exemplare, die bis jetzt aufgefunden sind, befinden sich in einem sehr mangelhaften Zustande, was die Schwierigkeit, sie richtig unterzubringen, sehr erhöht. Sämmtliche Species scheinen einen spindelförmigen Körper besessen zu haben, der bei einer Länge von mehr als 16 Zoll kaum 2 Zoll Höhe maass.

Unter den fossilen Kreidefischen der Umgegend von Sendenhorst besitzen wir aus der Abtheilung der abdominalen Weichflosser drei, die sich durch beträchtliche Entwickelung der Brustflossen auszeichnen, nämlich die den Characinen zugezählten Ischyrocephalus-Arten und den den Clupeoideen angehörigen Sardinius macrodactylus. Von diesen unterscheiden sich die nun zu betrachtenden Fische sowohl durch eine ganz abweichende Körpergestalt, als durch eine gleichfalls verschiedene Stellung der Flossen und durch die Structur der Wirbel. Man könnte versucht werden, sie unter den eocänen Fischen des Monte Bolca dem Platinx elongatus Ag. beizuzählen, der sich auch durch ausserordentlich entwickelte Brustflossen auszeichnet, dessen Kieferform aber, so wie die Flossenstellung so sehr verschieden sind, dass man sich genöthigt sieht, für unsere Fische eine neue Gattung, wie folgt, aufzustellen.

Gattung: Tachynectes m.

Fische mit langem, spindelförmigen, in einen dünnen Schwanz verlaufenden Körper. Der Kopf ist verlängert; die Zähne müssen sehr klein gewesen seyn, man erkennt nur unbedeutende Reste von einer bürstenförmigen Zahnbewaffnung der Kinnbacken, und Andeutungen von Gaumenzähnen und kurzen Schlundzähnchen. Es werden über 12 Kiemenhautstrahlen gezählt, von denen 16 vorhanden gewesen zu seyn scheinen. Die Brustflossen sind sehr gross, oval, aus einem kräftigen ungetheilten und zahlreichen, vieltheiligen Strahlen bestehend. Fast alle Exemplare lassen starke Schulterknochen oder deren Abdrücke erkennen. Die einzelnen Rückenwirbel sind sechseckig.

Tachynectes macrodactylus m. Taf. IX. Fig. 1. 2.

Das einzige Exemplar, welches mir in den Gegenplatten vorliegt, ist leider in der Gegend des Kopfes abgebrochen und zwar in der Weise, dass der Vorderkopf eine zurückgeschlagene Lage einnimmt; woher es kommt, dass man auf der Unterseite des Stückes den Anfang zahlreicher Kiemenhautstrahlen, so wie den verlängert eiförmigen Umriss des Stirnbeins mit Resten vom Oberkiefer, kleine Bürstenzähnchen tragend, und des gleichfalls bezahnt gewesenen Pflugschaarbeins erkennt.

Die Länge des Fisches beträgt, soweit der Abdruck desselben erhalten ist, 15, und die grösste Höhe 2 Zoll, die sich jedoch kurz vor der Schwanzflosse auf ungefähr 8 Linien verringert. Die Wirbel (Fig. 3) sind bedeutend höher als lang und sechsseitig. Ihre Höhe misst 4,5 Linien, die Länge 1,5 Linien. Die Zahl lässt sich nicht genau ermitteln, es mögen ihrer ungefähr 90 vorhanden gewesen seyn. Ihre Fortsätze und die Rippen haben nur schwache Eindrücke hinterlassen. In der Nähe des Halses bemerkt man an dieser wie an der folgenden Species Bündel von Gräthen.

Die Brustflossen bestehen aus einem starken ungetheilten und 11 wiederholt gabeltheiligen Strahlen, deren längste 4 Zoll messen. Sie bilden ein an der Basis etwas schmäleres Oval von 2 Zoll Durchmesser. Nur eine dieser Flossen ist vollständig überliefert, die andere theilweise weggebrochen. Zwischen beiden liegen die noch in ihrer Knochensubstanz erhaltenen Schulterknochen, welche eine birnförmige Höhlung einschliessen, in deren hinterem Ende ein Halswirbel sichtbar ist, während in ihrer vorderen Spitze linienlange, höckerförmig gekrümmte Zähnchen erkannt werden.

Die Bauchflossen liegen nicht genau in der Mitte zwischen Brustflosse und Schwanzflosse, sondern etwas mehr nach vorn. Jede derselben besteht aus einem starken, hübelförmigen ungetheilten und 6 getheilten Strahlen, deren längster gegen 2 Zoll misst. Ihnen fast gegenüber liegt die Rückenflosse, die nur wenige Strahlenreste hinterlassen hat. Weder die Seitenknochen der Bauchflossen, noch die Träger der Strahlen der Rückenflosse sind erhalten. Die Afterflosse ist nicht sichtbar, und auch die Schwanzflosse lässt nur wenige Strahlen erkennen.

Von den Schuppen sind kaum Spuren vorhanden, welche für Cycloiden-Schuppen sprechen würden.

Fundort: Die Plattenkalke der Urogegend von Sendenhorst.

Tachynectes longipes m. Taf. IX. Fig. 3. Taf. X. Fig. 1. 2.

Zu dieser Species rechne ich drei Exemplare, von denen ebenfalls keines vollständig ist. Wenn mich meine Vermuthung der Zusammengehörigkeit dieser Reste nicht täuscht, so lässt sich aus ihnen ein ziemlich vollständiges Bild von diesem Fisch zusammenstellen.

Das besterhaltene Exemplar, worauf hauptsächlich meine Beschreibung beruht, Taf. IX. Fig. 3, lässt den Kopf, die Brust- und Bauchflossen, die Strahlenträger der Rückenflosse, den grössten Theil der Afterflosse und wenigstens einige Bruchstücke von den Strahlen der Schwanzflosse erkennen.

Die Länge des Fisches beträgt bis zum Beginn der Schwanzflosse 10 Zoll, die grösste Höhe wird gegen 1 Zoll 4 Linien gemessen haben. Die Körperform entspricht der vorigen Species.

Der Kopf ist 8 Zoll 7 Linien lang, er lässt beide Augenhöhlen, ein Stück Keilbein, Stücke vom Jochbein und Unterkiefer, einige Deckelstücke und mehr als 12 Kiemenhautstrahlen mit ihren Träger erkennen.

Von den Wirbeln, deren 80 bis 90 vorhanden waren, ist keiner vollständig erhalten, doch scheinen ihre Grössenverhältnisse der vorigen Species zu entsprechen. Auch hier haben die Wirbelfortsätze und Rippen nur undeutliche Spuren hinterlassen.

Die Brustflossen, von denen nur die eine sichtbar ist, bestehen aus einem ungetheilten, gekrümmten und 12 getheilten Strahlen, von welchen der längste nicht über 2 Zoll misst. Die ganze Flosse hat ebenfalls eine eiförmige Gestalt von einem Zoll Durchmesser. Die Bauchflossen liegen in der Mitte zwischen Brust- und Afterflosse und bestehen aus einem ungetheilten, säbelförmigen und 9 getheilten, sehr weichen Strahlen, von denen die längsten 1 Zoll und 6 Linien messen. Der Durchmesser dieser Flosse ist fast so gross, wie bei den Brustflossen. Den Bauchflossen gegenüber, nur ein wenig mehr dem Schwanze genähert, liegen die Eindrücke von sieben Strahlenträgern der Rückenflosse. Die Afterflosse lässt 7—8 Strahlen erkennen, die fast bis zur Schwanzflosse reichen. Von den Strahlen letzterer sind nur einzelne Reste sichtbar. Die Schuppen sind ebenso undeutlich, wie bei der vorigen Species.

Ein zweites Exemplar, Taf. X. Fig. 1, welches wegen seiner Grössenverhältnisse und der Zahl der Strahlen in den Brust- und Bauchflossen hieher gehört, lässt den Abdruck der Schulterknochen ganz in derselben Weise erkennen, wie in Tachynectes macrodactylus. Der sonst sehr mangelhafte Kopf besitzt einen Unterkiefer, dessen vorderes Ende hakenförmig aufwärts gekrümmt erscheint. Von der Rückenflosse sind einige lange und weiche Strahlen erhalten.

Das dritte Exemplar, Taf. X. Fig. 2, welches ich nicht ohne Bedenken hieher bringe, besteht in dem Abdruck vom Schwanze bis zum Beginn der Rückenflosse und in den Bauchflossen. Die Grössenverhältnisse der Rückenwirbel, die Form und Zahl der Strahlen in der Bauchflosse, der verdünnte Schwanz und die Lage der Strahlenträger der After- und Rückenflosse veranlassten mich, diese Versteinerung hier unterzubringen, und zwar um so mehr, als sie keinem der bis jetzt aufgefundenen Fische der Kreide von Sendenhorst angehört. Man sieht an diesem Exemplar, dass die Zahl der Strahlen in der Rückenflosse mindestens 10 gewesen seyn muss, da man eben so viel kräftige Träger dieser Flosse erkennt. Man erkennt ferner, dass die Afterflosse nicht ganz bis zur Schwanzflosse reichte, und dass die Schwanzflosse, deren Strahlen nicht in ihrer ganzen Länge erhalten sind, in jeder Hälfte aus 5 kleinen, einem grossen ungetheilten und 7 bis 8 getheilten Strahlen bestand, deren längster mindestens 1 Zoll 10 Linien und der kürzeste, mittlere 7 Linien lang war.

Die wesentlichsten Unterscheidungsmerkmale für diese Species sind demnach folgende:

1. Die Brustflossen sind verhältnissmässig kleiner, haben aber einen Strahl mehr, als in Tachynectes macrodactylus.
2. Die Bauchflossen, die hier beinahe so gross sind wie die Brustflossen, haben 3 getheilte Strahlen mehr, als die kleineren Bauchflossen des T. macrodactylus.

Fundort: Die Plattenkalke der Umgegend von Sendenhorst.

Tachynectes brachypterygius m. Taf. IX. Fig. 4.

Das naturhistorische Museum zu Münster bewahrt die unvollständigen Reste eines Fisches, welcher unzweifelhaft der Gattung Tachynectes angehört. Der Fundort ist nicht angegeben. Der Natur des Gesteines nach rührt die Versteinerung aus der Umgegend von Sendenhorst.

Die verhältnissmässig breite und weiche, dabei gerundete Brustflosse, die kräftigen Schulterknochen, die Form der Grübchen in der Halsgegend und die Grössenverhältnisse der Wirbel nach den Abdrücken stimmen unter unseren Kreidefischen nur mit der Gattung Tachynectes überein, wogegen die Länge der Brustflossen auffallend geringer ist, als in den beiden zuvor beschriebenen Species, indem sie nicht einmal der Höhe des Rumpfes gleichkommt, während sie selbst bei T. longipes anderthalbmal und bei T. macrodactylus noch einmal so gross ist, als die grösste Höhe. Von den anderen Flossen und dem Kopf ist keine Spur vorhanden. Die abweichende Form der Brustflossen musste mich bestimmen, diese Versteinerung vorläufig unter einer besonderen Species zu begreifen.

Die abdominalen Weichflosser, welche nun folgen, wage ich nicht den bestehenden Familien einzureihen, da sie in ihrem Habitus wie in der Anordnung und dem Bau der äusseren Organe von den bekannten Gattungen zu sehr abweichen. Es giebt zwar Fische, die mit ihnen in gewissen Beziehungen übereinstimmen, wofür sie aber in anderen Beziehungen nur um so mehr abweichen. So besitzt unter den Stachelflossern Notacanthus Nasus Cuv. Valenc. eine Afterflosse von derselben Entwickelung, dabei aber, abgesehen von der Gegenwart kurzer, kräftiger Dornstrahlen, dem Fehlen der eigentlichen, nur durch einige kurze Dornstrahlen angedeuteten Rückenflosse und einem ganz abweichend gebildeten Kopf, eine, wenn auch kleine, Schwanzflosse, die unseren Fischen ganz fehlt. Unter den Weichflossern begegnen wir ähnlichen Gestalten in der Familie der Apoden. Die Gattung Carapus, und besonders Carapus macrurus hat einen ähnlichen, sehr verdünnten Schwanz ohne Schwanzflosse und eine bis an das Ende des Schwanzes reichende, aus ungefähr 280 Strahlen bestehende Afterflosse. Die Carapen haben aber weder Rücken- noch Bauchflossen, sie weichen in der Kopfform ab und ihre Afterflosse beginnt gleich hinter den Brustflossen.

Ich habe daher die beiden mir bis jetzt bekannt gewordenen, sehr ähnlichen Species in eine Gattung gebracht, die ich ihres spitzen Kopfes und weiten Maules wegen, sowie wegen des dünnen, anscheinend walzenförmigen Körpers

Echidnocephalus

genannt habe. Diese Gattung enthält sehr schlanke, dünne Fische, mit dünnem Kopf und fadenförmig verdünntem Schwanz. Eine eigene Schwanzflosse ist nicht vorhanden, doch zieht die reichstrahlige Afterflosse bis an das Ende des Schwanzes. Bauchständige Bauchflossen, eine Rückenflosse und zarte Brustflossen sind, sämmtlich ohne Dornstrahlen, vorhanden.

Echidnocephalus Troscheli m. Taf. VIII. Fig. 1.

Diese Species, die erste, welche von dieser Gattung bekannt wurde, habe ich nach dem berühmten Ichthyologen, Herrn Professor Troschel in Bonn benannt.

Ausser einem beinahe vollständigen Exemplar liegen aber noch Bruchstücke von verschiedener Grösse von diesem Fische vor.

Das abgebildete Exemplar ist bis zu einer Länge von 10 Zoll 3 Linien erhalten, doch fehlt mindestens noch ein bis anderthalb Zoll vom Schwanz. Die grösste Höhe des Rumpfes beträgt in der Gegend der Bauchflossen 1 Zoll und 3 Linien, sie verringert sich nach dem Schwanze zu allmählich, so dass dessen äusserstes Ende fadenförmig ausgeht. Der spitze Kopf ist 1 Zoll 9 Linien lang und nach dem Nacken zu 11 Linien hoch. Das Maul ist weit gespalten und war mit äusserst feinen Zähnchen, die kaum merkliche Spuren hinterlassen haben, besetzt. Es lassen sich nur 6 Kiemenhautstrahlen unterscheiden. Die Augenhöhle ist mässig gross. Der obere Theil der Maulspitze scheint abgestutzt zu seyn, doch wohl nur zufällig, da die anderen Exemplare diese Abstutzung nicht wahrnehmen lassen.

Die Wirbel sind sehr zahlreich; ihre Zahl muss gegen 150 betragen haben, da man schon an dem unvollständigen Exemplar 117 zählt. In der Bauchgegend sind die Wirbel 2 Linien hoch und 1 Linie lang, dabei äusserst fein gestreift. Sie tragen hier kurze, kräftige Querfortsätze, während in der hinteren Schwanzgegend die oberen Fortsätze kräftiger erscheinen. Die oberen Fortsätze der Hals-, Bauch- und vorderen Schwanzgegend sind zart, lang und bogenförmig nach hinten gekrümmt; ihre Anheftungsstellen sind ebenfalls bedeutend verbreitert und entsprechen den kräftigen, kurzen unteren Querfortsätzen. Von der Bauchgegend an nehmen die Wirbel nach dem Schwanze zu allmählich an Grösse ab, so dass die äussersten Schwanzwirbel nur als kleine Knötchen oder Punkte erscheinen.

Die Rückenflosse hat an dem vorliegenden Exemplar nur schwache Spuren hinterlassen, die jedoch genügen, um sich von ihrer Anwesenheit und Lage zu überzeugen. Diese Flosse befand sich an der Stelle des Rückens, welche der Mitte zwischen den Bauchflossen und der Afterflosse gegenüber liegt. Ihre Strahlen scheinen weder lang noch zahlreich gewesen zu seyn. Die Afterflosse reicht bis an das Ende des fadenförmigen Schwanzes und besteht aus mehr denn 100 weichen, einfachen Strahlen, deren Basis mit den Trägern, zumal bei Beginn der Flosse, eine merkliche Verdickung bildet. Die Bauchflossen bestehen aus einem einfachen und 8 bis 9 getheilten Strahlen, die bis 9,5 Linien lang sind. Brustflossen sind nicht vorhanden. Schuppen werden nicht erkannt.

Fundort: Die Plattenkalke des Arenfeldes bei Sendenhorst.

Echidnocephalus tenuicaudus m. Taf. VIII. Fig. 2. 3. Taf. XIV. Fig. 1.

Diese Species findet sich häufiger als die zuvorbetrachtete; meiner Beschreibung konnte ich sechs vollständige Exemplare zu Grunde legen. Beide Species gleichen sich im Allgemeinen ziemlich, doch ist die, mit der wir uns jetzt beschäftigen, viel schlanker, wie aus folgenden Messungen zu ersehen ist.

Das abgebildete Exemplar	12″	10‴	lang	bei	einer	Höhe	von	8‴.
Ein zweites	„	9″	6‴	„	„	„	„	„	4,5‴.
Ein drittes	„	9″	6‴	„	„	„	„	„	5‴.
Ein viertes	„	7″	3‴	„	„	„	„	„	5‴.

Der spitze Kopf ist 1 Zoll 6 Linien lang und 9 Linien hoch. Das Maul ist auch bei dieser Species verhältnissmässig weit gespalten. Zähne sind nicht erkennbar. Die Augenhöhle ist mässig gross. Es sind 12 Kiemenhautstrahlen vorhanden.

Das Grössenverhältniss der Wirbel ist ungefähr dasselbe, wie bei der vorhergehenden Species; die Zahl der Wirbel ist aber grösser, indem sie 200 übersteigt. Die verbreiterte Basis der Dornfortsätze wird hier nicht wahrgenommen, sonst gilt von den Fortsätzen dasselbe, was ich von ihnen bei E. Troscheli anzuführen hatte. Schuppen sind auch hier nicht zu erkennen.

Die Rückenflosse besteht aus einem ungetheilten und 6 getheilten, bis 11 Linien langen Strahlen. Sie liegt auch hier an einer Stelle des Rückens, welche der Mitte zwischen den Bauchflossen und der Afterflosse entspricht. Die Afterflosse geht mit dem Schwanz in eine weiche, zarte Spitze aus, deren hinterster Theil bei einigen Exemplaren rechtwinkelig abwärts gebogen ist. Die Exemplare mit geknicktem Schwanze sind zugleich die dünnsten (das zweite, dritte und vierte oben ausgemessene Exemplar), so dass es nicht unmöglich wäre, dass sie eine eigene Species bildeten. Spätere Funde werden hierüber zu entscheiden haben. Die Zahl der auch hier weichen, aber ungetheilten Strahlen in der Afterflosse beträgt über 200. Die vordersten dieser Strahlen sind 7 Linien lang und nehmen allmählich nach der Schwanzspitze an Länge ab. Die Bauchflossen enthalten einen ungetheilten und 5—6 getheilte, bis 7 Linien lange Strahlen. Die weichen Brustflossen bestehen aus mindestens 6 Strahlen, die eine Länge von 10 Linien erreichen.

Hienach würde sich diese Species von der erstgenannten hauptsächlich

1. durch geringere Höhe des Rumpfes,
2. durch die kleinere Anzahl Strahlen in den Bauchflossen, und
3. durch zahlreichere Wirbel und Strahlen in der Afterflosse

unterscheiden.

Eine der schlanksten Formen dieses Fisches habe ich Taf. XIV. Fig. 1 abgebildet. Die äusserste Schwanzspitze gehört einem zweiten Exemplar an von ganz denselben Grössenverhältnissen wie das, welches grösstentheils meiner Abbildung zu Grunde gelegen hat, bei dem jedoch gerade das Schwanzende weniger gut erhalten ist.

Ausser der grösseren Zartheit und Schlankheit aller Theile ist nur noch zu erwähnen, dass die Rückenflosse ein wenig weiter vorn liegt, als in Echidnocephalus tenuicaudus. Es wäre jedoch gewagt, auf diese Abweichungen allein eine dritte Species von Echidnocephalus anzunehmen.

Fundort: Die Plattenkalke der Bauerschaften Brecht und Arnhorst bei Sendenhorst.

Hier möchte ich noch einen Fisch einreihen, der aus den Baumbergen stammt, und dessen höchst mangelhafte Ueberlieferung keine sichere Classificirung zulässt.

Das verbogene und zerbrochene Exemplar besteht aus einem gut erhaltenen Schwanz, aus Theilen der Rücken- und Afterflosse, aus den beiden Bauchflossen und aus einer Anzahl Wirbel mit ihren Fortsätzen. Von Schuppen erkennt man keine Spur; man möchte daher glauben, dass der Fisch gar keine Schuppen besessen habe. Die für das Gestein der Baumberge etwas befremdende dunkele Färbung, welche die Reste umgeben, lässt vermuthen, dass der Fisch eine schleimige Haut oder einen Schleimüberzug, wie es bei nackten Fischen der Fall zu seyn pflegt, besessen habe.

Die gerundete Schwanzflosse zieht fast bis zur Rücken- und Afterflosse, wodurch der Schwanz Aehnlichkeit mit dem eines Aals besitzt. Die Rückenflosse, die sehr lang gewesen seyn muss, besteht aus zarten, weichen Strahlen, die in ebenso zarte Träger einlenken. Von der Afterflosse sind nur wenig Strahlen erhalten, die an der Spitze gabelspaltig erscheinen. Die Bauchflossen, welche sich auf das knopfförmig verdickte Ende des Beckenknochens stützen, bestehen je aus mindestens 10 zarten Strahlen.

Ausser diesen Flossen sind nur die Wirbel mit ihren Fortsätzen erkennbar. Die Schwanzwirbel sind 0,3 Linien lang und 0,5 bis 0,75 Linien hoch. Sie besitzen zarte Fortsätze und zahlreiche Gräthen. Die Gesammtlänge des ganzen Fischrestes beträgt 3 Zoll 8 Linien.

Sehen wir uns unter den jetzt lebenden Fischen nach ähnlichen Formen um, so begegnen wir ihnen unter den mit Rückenflossen versehenen Siluroideen. Von diesen ist es der in den Ostindischen Flüssen lebende Platystacus (Plotosus) anguillaris Bloch, welcher

Anspruch auf Aehnlichkeit hat, zumal wenn auch bei dem fossilen Fisch die Afterflosse sehr verlängert und eine zweite Rückenflosse vorhanden gewesen seyn sollte.

Vorläufig habe ich den fossilen Fisch

Enchelurus villosus m. Taf. IX. Fig. 5.

genannt, um damit die Aehnlichkeit seines Schwanzes mit dem Schwanz eines Aals, sowie die Weichheit seiner Flossenstrahlen anzudeuten.

Das Original befindet sich in dem naturhistorischen Museum zu Münster.

Ordnung: [illegible]

Familie: Dercetiformes.

Die nächstfolgenden Fische gehören einer Gruppe an, die sich mit keiner der bekannten Ordnungen lebender Fische ganz vereinigen lässt. Schon Agassiz hatte einen hieher gehörigen Fisch aus den jüngsten Schichten der Westphälischen Kreide, Dercetis scutatus, in der Sammlung des Grafen zu Münster vorgefunden und ihn in seinen „poissons fossiles“ (II. pag. 259) beschrieben, ohne jedoch eine Abbildung davon zu geben, die er doch von seinem in der Englischen Kreide von Lewes vorkommenden Dercetis elongatus mittheilt. Es ist nicht zu verkennen, dass diese Fische mit den von mir darzulegenden, namentlich mit meinem Leptotrachelus armatus, grosse Aehnlichkeit besitzen, und ich glaube daher auch nicht zu irren, wenn ich sie zusammen in eine und dieselbe Sippe bringe. Wie schon angedeutet, finden wir unter den jetzt lebenden Fischen keinen einzigen, der in den Hauptcharakteren mit diesem Kreidefisch vollständig übereinstimmt, wenn auch einzelne Merkmale sich an Fischen verschiedener Sippen und Ordnungen nachweisen lassen. So hat unser Leptotrachelus eine Bepanzerung, die an jene von Peristedion cataphractum Malar. erinnert, während die lange, Aal-förmige Gestalt einigen Taenioideen, wie dem Gymnostrus, eigen ist, mit denen Leptotrachelus auch das Fehlen der Afterflosse gemein hat. Die grösseren Schilder der Dercetis- und Pelargorhynchus-Arten zeigen, abgesehen von ihrer Grösse, in ihrem Bau Aehnlichkeit mit denen des Accipenser Sturio, und der mit schnabelähnlichen Kiefern versehene Kopf endlich erinnert an Formen von Lepidosteus, Belone etc.

Grösse Annäherung zeigen einige fossile Fische, besonders die Gattungen Blochius Volta, Aspidorhynchus Ag., Belonostomus Ag. und Belonorhynchus Bronn, von denen der zuerst genannte durch eine ähnliche Körperform auffällt *). Von diesen ist nur Blochius,

*) Im 1. Hefte des 2. Theils von Costa's „Paleontologia del Regno di Napoli“, welches Werk ich so eben durch die Güte des Herrn Dr. Ewald in Berlin erhalte, findet sich S. 33 und Taf. II. Fig. 1 und 2 ein Fisch aus den jurassischen Kalkschiefern der Pietraroja als Belonostomus crassirostris Costa

und mit ihm auch Dercetis, zu der Ordnung Teleostei Ml., Unterabtheilung Plectognathi C. und Sippe Sclerodermi gebracht, während die übrigen zu den homocerken Sauroiden der Ordnung Ganoidei Ag. gerechnet sind. Gegen eine Zusammenstellung mit lebenden Arten der Sclerodermen, mit Ballistes L., Ostracion L., Monacanthus C. und Aluteres C., spricht aber die durchaus abweichende Form der fossilen, und es bleibt daher nichts übrig, als sie vorläufig bei den Ganoideen, und zwar als eine eigene Sippe zwischen den Sauroiden und Accipenserinen unterzubringen. Die fossilen Reste lassen manche wichtige Frage über den Bau der Weichtheile unbeantwortet, so dass uns auch dieser Weg zu einer richtigen und sicheren Einreihung verschlossen ist.

Von den in den Sendenhorster Plattenkalken aufgefundenen, hieher gehörenden Fischen beginnen mit dem Genus

Leptotrachelus m.

Ein schmaler Fisch mit auffallend dünnem Hals und langem Kopf, dessen Kiefer spitz schnabelförmig verlängert sind. Die kurze Rückenflosse liegt den Bauchflossen gegenüber, die ihre Stelle in der Mitte zwischen den Brustflossen und der Schwanzflosse einnehmen. Die Afterflosse fehlt. Die Halswirbel sind sehr zart. Drei Reihen Schilder bedecken den Körper. Von Dercetis Ag. unterscheidet sich dieses Genus hauptsächlich durch das Fehlen der Afterflosse und durch die Rückenflosse, welche bei Dercetis fast die ganze Länge des Rückens einnimmt.

Leptotrachelus armatus m. Taf. X. Fig. 8.

Die ganze Länge des Fisches beträgt 19" 6''' ohne die äusserste Spitze der Schwanzflosse, die nicht erhalten ist. In der Gegend der Bauchflossen ist der Rumpf am höchsten; die Höhe erreicht aber kaum 9 Linien. Von da aus verringert sie sich nach dem Schwanze, mehr noch nach dem Hals zu, wo die ganze Höhe nur 2 Linien beträgt.

Der Kopf misst 3 Zoll Länge und 6 Linien grösste Höhe. In der Versteinerung ist der untere Theil des Kopfes nach oben gerichtet; der Oberkiefer scheint den Unterkiefer ein wenig an Länge übertroffen zu haben. Man bemerkt zahlreiche, bis 0,5 Linien lange, etwas gekrümmte Zähnchen. Die übrigen Schädeltheile lassen, mit Ausnahme der spitz zulaufenden Kiefer, wegen Zerdrückung keine sichere Deutung zu.

Die Bauchflossen nehmen gleich hinter dem Kopf ihre Stelle ein, sie sind nicht vollständig erhalten, es scheint jedoch, dass ihre Länge kaum über einen Zoll gemessen habe,

---

beschrieben und abgebildet, dessen Gestalt ungemein an unseren Leptotrachelus armatus erinnert. Besonders der hintere Theil des Schwanzes lässt an seiner Unterseite Schilderzacken erkennen, die denen von Leptotrachelus armatus sehr ähnlich sind. Abweichend jedoch ist die Stellung der Rückenflosse, der ungleich dickere Hals und die Gegenwart einer deutlichen Afterflosse.

ihre Breite beträgt bei Beginn des zweiten Drittels ihrer Länge 3,5 Linien, und man zählt in ihr 9 verhältnissmässig kräftige Strahlen; sie waren oval lanzettförmig gestaltet. Die Entfernung der Brustflossen von der Einlenkungsstelle der Bauchflossen beträgt 8 Zoll 2 Linien; es ist dies die Strecke des äusserst dünnen Halses des Fisches.

Die Bauchflossen selbst, vor denen die Beckenknochen als Abdruck liegen, sind 1 Zoll 1 Linie hoch und zählen je 7—8 kräftige Strahlen, von denen der erste ungetheilt ist, die übrigen wiederholt gabelspaltig. Nach der wellenförmigen Biegung ihrer Strahlen zu schliessen, müssen sie sehr weich gewesen seyn.

Den Bauchflossen gegenüber liegt die Rückenflosse, von der ein Stück fehlt; doch zählt man einen ungetheilten und mindestens 8 wiederholt gabelspaltige, nicht sehr kräftige Strahlen, deren höchster 1 Zoll 3 Linien misst. Die Länge der ganzen Flosse beträgt 1 Zoll 7 Linien. Träger sind nicht zu erkennen. Die Afterflosse fehlt; wenigstens zeigt unsere Versteinerung keine Spur von einer solchen Flosse, obgleich die Stelle, wo man sie zu suchen hat, besonders gut erhalten ist. Auch von der Schwanzflosse werden nur wenig Strahlen erkannt, die geknickt sind.

Man unterscheidet deutlich 58 Wirbel; rechnet man dazu die fehlenden Wirbel, so ergiebt sich eine Gesammtsumme von 60. Zwischen der Bauch- und Rückenflosse sind die Wirbel 2,5 Linien lang, an ihren Enden 1,5 Linie und in ihrer Mitte 0,6 bis 0,7 Linie hoch; wogegen die Halswirbel bei einer Länge von 3,3 Linien an ihren Enden eine Höhe von 1 und in der Mitte von nur 0,5 Linie ergeben. Die Schwanzwirbel sind kürzer als die Bauchwirbel. Die Fortsätze und Rippen lassen keine Unterscheidung zu.

Die grösste Eigenthümlichkeit des Fisches besteht in seiner Bepanzerung. Von der Schwanzflosse bis zu den Bauchflossen ist dieselbe ziemlich deutlich erhalten und bildet hier drei Reihen herzförmiger Schilder, von denen die obere und die untere Reihe deutliche Abdrücke hinterlassen haben. Diese Schilder hatten eine nach hinten gerichtete, kräftige Spitze, die in dem Abdruck vieler Schilder stecken geblieben ist. Die Schilder der oberen Reihe scheinen zwei Spitzen gehabt zu haben, wenn nicht die zweite Spitze von den Schildern der gegenüber liegenden Seite des Fisches herrührt, was nicht mit Sicherheit zu unterscheiden war. Die dritte Reihe hat nur in der Gegend des Schwanzes geringe Spuren hinterlassen, wo man mehrere kräftige Spitzen und auch Abdrücke von einzelnen Schildern erkennt. Eine vom Schwanze bis in die Halsgegend verlaufende Linie scheint die Mitte jener Schilderreihe zu bezeichnen. An dem dünnen Theile des Halses lassen sich keine Schilder erkennen.

Das einzige von mir aufgefundene Exemplar stammt aus den Steinbrüchen des Arenfeldes.

Das zweite zu derselben Sippe gehörende Genus ist der

Pelargorhynchus m.

Fische mit Aal-artig verlängertem Körper, welcher mit mehreren Reihen gestielter, herzförmiger Schilder bekleidet ist, zwischen denen noch zahlreiche rautenförmige kleine Schildchen bemerkt werden. Der Kopf hat schnabelförmig verlängerte Kiefer. Es sind Brustflossen, Bauchflossen, eine sehr lange Rückenflosse, eine ziemlich stark entwickelte Afterflosse und eine nur wenig ausgeschweifte Schwanzflosse vorhanden. Ausser der hervorgehobenen Abweichung unterscheidet sich dieses Genus von der Gattung Dercetis Münst. Ag. noch dadurch, dass letztere sehr grosse Brustflossen besitzt, die den wenig entwickelten Bauchflossen nahe liegen. Von Leptotrachelus unterscheidet sich Pelargorhynchus durch die Gegenwart einer Afterflosse, durch die lange Rückenflosse, sowie durch kleinere Schilder, die mit den grösseren abwechseln.

Es sind bereits zwei Species aufgefunden.

Pelargorhynchus dercetiformis m. Taf. XI. XII. Fig. 3.

Pelargorhynchus dercetiformis v. d. Marck, in Zeitschr. d. geolog. Gesellschaft, 1858.

Hierzu rechne ich zwei an Grösse sehr verschiedene Exemplare meiner Sammlung, die ich beide abgebildet habe und nun auch jede besonders beschreiben werde.

Das kleinere Exemplar Taf. XII. Fig. 3 ist bis zum Beginn der Rückenflosse trefflich überliefert, von da an aber ist der Körper verbogen, so dass Schilder und Wirbel nicht mehr ihre natürliche Lage einnehmen. Von den Bauchflossen und der Afterflosse sind nur einzelne Theile, von der Schwanzflosse keine Spur mehr vorhanden, da die Versteinerung unmittelbar hinter der Rückenflosse abgebrochen ist. Von dieser Stelle bis zur Maulspitze misst die Länge des Fisches 1 Fuss und 4 Zoll, wobei die grösste Höhe des Rumpfes in der Gegend der Bauchflossen 1 Zoll und 3 Linien beträgt. Der Kopf allein ist 4 Zoll lang und an seinem hinteren Ende 1 Zoll und 7 Linien hoch. Die schnabelförmige Verlängerung der Kiefer beträgt über 2 Zoll, der Oberkiefer ist ein wenig länger als der Unterkiefer. Am Unterkiefer erkennt man deutlich zahlreiche, linienhohe, kegelförmige Zähnchen, und nach der Spitze hin erscheint der Kiefer fein sägezähnig. Ausserdem erkennt man vom Kopfe das Stirnbein, einige Deckplatten und wenige sehr zarte Kiemenhautstrahlen.

Die Brustflossen sind oval lanzettförmig und bestehen aus 7 weichen und getheilten Strahlen, die eine Länge von 1 Zoll 3 Linien haben. Die Breite der ganzen Flosse beträgt 3,75 Linien.

Die Rückenflosse beginnt 4 Zoll und 6 Linien hinter dem Kopf und besteht aus 64 weichen, wiederholt gabelästigen, 1 Zoll und 9 Linien langen Strahlen, so dass die Höhe derselben die des Rumpfes in der darunterliegenden Gegend bedeutend übertrifft. Träger werden nicht erkannt.

Kurz hinter der der Einlenkung des ersten Strahls der Rückenflosse gegenüberliegenden Stelle bemerkt man zwei kräftige, aber nur unvollständig erhaltene Strahlen, welche einer von den Bauchflossen angehören. Die Afterflosse hat ebenfalls nur unbedeutende Reste hinterlassen, die jedoch genügen, um in ihr mindestens 16 Strahlen unterscheiden zu können. Ueber die Entfernung der Afterflosse von den übrigen Flossen lässt sich, da der Fisch durch Druck in der Lage seiner Theile Veränderungen erfahren hat, nichts mit Sicherheit angeben.

Ebenso unsicher ist man über die Anzahl der Wirbel, von denen nur wenige wahrgenommen werden. Ein wahrscheinlich aus der Mitte der Säule stammender Wirbel zeigt 3,5 Linien Länge, und ist an den Enden 2,3 Linien, in der Mitte 1 Linie hoch. Von den Fortsätzen und Rippen erkennt man bei der Bedeckung durch die Schilder oder deren Bruchstücke nur Spuren.

Am Halse zählt man fünf Reihen grösserer Schilder, von denen die mittelsten wiederum die grössten sind. Beinahe ebenso gross als die Schilder der Mittelreihe sind jene, welche an dem Ober- und Unterrande des Fisches liegen, während die dazwischen die vierte und fünfte Reihe bildenden Schilder mittlere Grösse zeigen. Zwischen diesen fünf Reihen grösserer Schilder liegen noch eine Menge kleine, schuppenförmige von ungefähr 0,75 Linien Länge, die sich bis zu den Deckelstücken des Kopfes erstrecken. Die grossen und mittleren Schilder stellen eine gestielte, rauten herzförmige Platte dar, auf die sich das, was Agassiz (poiss. foss., II. p. 258) von den Schildern des Genus Dercetis sagt, anwenden lässt: „Ces écussons, en forme de coeur de carte, sont osseux, granuleux à leur surface extérieure et surmontés d'une saillie anguleuse au milieu;" auch das ziemlich genau, was (p. 259) von den Schildern des Dercetis scutatus gesagt wird: „Lorsqu'on examine ces rides à la loupe, on trouve, qu'elles sont composées de séries petites et grandes qui rayonnent du sinus postérieur de l'écaille vers les flancs." Die grössten Schilder sind mit dem Stiel 3,5 Linien lang, die Platte 2,5 bis 3 Linien und der Stiel 0,5 Linien breit; die Schilder mittlerer Grösse sind 3 Linien lang und 2 Linien breit. An den Stellen, wo Schilder sich ganz von der Versteinerung abgelöst haben, bemerkt man kurze, feine, der Länge des Fisches parallel laufende Striche, welche von einer auf der Unterseite des Schildes befindlichen Naht oder Leiste hervorgebracht seyn werden.

Das grössere Exemplar Taf. XI misst vom Ende der Schwanzflosse bis zur Nackengegend, wo es abgebrochen ist, 2 Fuss 10 Zoll, wogegen seine grösste Höhe in der Gegend der Bauchflossen nur 1 Zoll und 3 Linien beträgt. Der Fisch ist zerdrückt. Die Wirbel sind in eine widernatürliche Lage gerathen, und auch die Glieder der Flossenstrahlen scheinen verschoben. Sollte auch dadurch der Fisch länger erscheinen, als er ursprünglich war, so glaube ich doch, dass die relative Entfernung der einzelnen Theile von einander ziemlich dieselbe geblieben ist. Ergänzt man den Fisch nach den Resten des zuvor beschriebenen Exemplars, so erhält man für seine Länge beinahe fünf Fuss. Es ist dies unstreitig der längste Fisch, der bisjetzt in der Westphälischen Kreide aufgefunden wurde.

Die Rückenflosse dehnt sich über den Fisch sehr aus und lässt 52 Strahlen erkennen, welche getheilt und 1 Zoll 9 Linien hoch sind; sie übertreffen daher an Grösse auffallend die Höhe des Rumpfes. Die Zahl der Flossenstrahlen betrug jedenfalls mehr, in Anbetracht der vorhandenen Lücken, die von einer getheilten Rückenflosse nicht herrühren können.

Die Schwanzflosse ist wohl deutlich, aber nicht tief ausgeschnitten. Jede Hälfte enthält 6 kleine und 2 grosse ungetheilte Strahlen, denen noch 9 bis 10 wiederholt gabelspaltige folgen. Die äussersten Spitzen der beiden Lappen sind über 2 Zoll und 6 Linien von einander entfernt, so dass die Flosse im Vergleich zu dem nur 4,5 bis 5 Linien hohen Schwanz sehr hoch erscheint.

Die ersten Strahlen der Afterflosse sind von den ersten Strahlen der Schwanzflosse ebenso weit entfernt, wie von der den ersten Strahlen der Rückenflosse gegenüberliegenden Stelle. Die Afterflosse selbst endigt soweit vor der Schwanzflosse, als ihre eigene Länge beträgt. Man erkennt gegen 20 Strahlen derselben, von denen die grössten 1 Zoll 9 Linien lang und wiederholt getheilt sind.

Die Bauchflossen beginnen beinahe an der Stelle, welche den ersten Strahlen der Rückenflosse gegenüberliegt. Die Zahl ihrer Strahlen war nicht mit Sicherheit zu ermitteln; weniger als 8 waren nicht vorhanden, und diese waren mindestens 1 Zoll 3 Linien lang, kräftig und endigten vielfach getheilt.

Die Zahl der Wirbel lässt sich nicht feststellen, da ein grosser Theil derselben verdeckt, zerbrochen und nicht mehr genau zu erkennen ist. Die Schwanzwirbel sind 3 Linien lang, an ihren Enden 2,5 und in der Mitte 1,5 Linien hoch, während die Rückenwirbel 4 Linien Länge, an den Enden 3 und in der Mitte 1,5 Linien Höhe ergeben. An dem vorderen Ende einiger in der Gegend zwischen den Bauchflossen und der Afterflosse gelegenen Wirbel bemerkt man einen nach unten gerichteten stumpfen, verlängert dreieckigen Fortsatz, der an ähnliche Querfortsätze in Anguilla erinnert. Von Rippen sind auch hier nur undeutliche Reste vorhanden.

Fast sämmtliche Schilder sind undeutlich und zerbrochen; nur an wenigen Stellen erkennt man deutlichere Reste der grösseren Schilderreihe, die aber genügen, um sich zu überzeugen, dass die Schilder dieselbe Beschaffenheit besassen, wie die des kleineren Exemplars. Sie bestehen auch hier in einer rauten herzförmigen, in einen Stiel verlaufenden Platte; ihre Länge wird 4 Linien, die grösste Breite 2,5 bis 3 Linien betragen haben. Von einer centralen Erhöhung und den vom Mittelpunkt auslaufenden Strahlen werden Andeutungen erkannt.

Pelargorhynchus blochiiformis m. Taf. XII. Fig. 4—6.

Pelargorhynchus blochiiformis v. d. Marck, in Zeitschr. d. geolog. Gesellschaft, 1858.

Diese zweite Species der eigenthümlichen Gattung Pelargorhynchus habe ich mit obigem Beinamen bezeichnet, weil die Rückenflosse, die den hauptsächlichen Charakter für die Species abgiebt, an die des Blochius longirostris Volta erinnert.

An keinem der mir vorliegenden Exemplare ist der Kopf überliefert. Es könnte daher gewagt erscheinen, den Fisch ohne den Kopf zu kennen dem Pelargorhynchus beizuzählen. Gleichwohl hat mich die grosse Aehnlichkeit der Schilder und Wirbel, sowie die Art und Weise der Flossenstellung veranlasst, ihn diesem Genus einzuverleiben. Das bessere Exemplar habe ich auf Taf. XII. Fig. 4 abgebildet und von einem anderen, welches sich durch vorzügliche Erhaltung der Schilder auszeichnet, Fig. 5 und 6 Schilder aus der Bauchgegend wiedergegeben.

Diese Species unterscheidet sich von der vorhergehenden hauptsächlich durch die weniger hohen Strahlen der Rückenflosse, die in sehr regelmässige Zwischenräume von 2 Linien gestellt und durch eine Haut mit einander verbunden waren, die sehr stark gewesen seyn musste, da sie selbst auf dem Abdruck noch Spuren zurückgelassen hat. Die Länge der ersten Strahlen erreicht in der Gegend der Bauchflossen noch nicht zwei Drittheile der Höhe des Fisches, während sie in den beiden vorhergehenden Species die Höhe des Fisches weit übertrifft. Die einzelnen Strahlen sind durchschnittlich 1 Zoll lang, vom Beginn des zweiten Drittheils ihrer Länge an wiederholt gabelspaltig, und haben auf dem Stein einen sehr fein punktirten Abdruck hinterlassen. Ihre Zahl beträgt 61. Ein anderer Unterschied liegt in der Afterflosse, deren erste Strahlen von der Schwanzflosse noch nicht halb so weit entfernt sind, als von der dem Beginn der Rückenflosse gegenüberliegenden Stelle. Die Afterflosse selbst lässt 20 Strahlen erkennen, von denen der erste ungetheilt und 1 Zoll 6 Linien lang ist, während die folgenden wiederholt gabelig sind und an Grösse wie gewöhnlich abnehmen.

Die Bauchflossen lassen 6 bis 7 breite und bis zur Basis getheilte, fast 2 Zoll lange Strahlen und einen breiten, stumpf dreieckigen, schildförmigen Beckenknochen erkennen. Sie liegen etwas mehr nach hinten als bei Pelargorhynchus dercetiformis, so dass die Entfernung des ersten Bauchflossenstrahls von der Afterflosse noch etwas geringer ist, als die Entfernung der Brustflossen vom Beginn der Bauchflossen.

Die Schwanzflosse ist nur an einem Exemplar und selbst an diesem nur zu zwei Drittheilen erhalten; wonach sich jedoch die ganze Flosse ergänzen lässt. Sie ist ausgeschweift, hat ovale Lappen und besteht aus 6 kleinen und 2 grossen ungetheilten, sowie aus 10 getheilten Strahlen in jedem Lappen. Wie bei der Rückenflosse, so waren auch hier die

Flossenstrahlen äusserst fein gekörnt. Die stärksten Strahlen sind 1 Zoll 9 Linien lang, und die Entfernung zwischen den Enden der beiden grössten Strahlen jedes Lappens der Schwanzflosse wird 1 Zoll und 11 Linien betragen haben.

Von den Brustflossen lassen sich nur an einem Exemplar schwache Spuren erkennen. Diese Flossen scheinen denen der vorigen Species sehr ähnlich; dagegen wird der Hals ein wenig länger, als bei P. dercetiformis gewesen seyn, weil die Entfernung der Brustflossen von den ersten Strahlen der Rückenflosse etwas grösser ist.

Von den Rippen und Gräthen sind nur wenige Spuren sichtbar, weil sie von den kräftigen Schildern fast überall bedeckt gehalten werden. Aus demselben Grunde lässt sich die Zahl der Wirbel nicht mit Sicherheit ermitteln; es müssen über 60 vorhanden gewesen seyn, die in Bau und Grösse denen des P. dercetiformis entsprechen. Aehnliche Fortsätze an den Wirbeln, wie sie das grössere Exemplar letztgenannter Species besitzt, habe ich nicht wahrgenommen.

Auch die Schilder sind beschaffen und vertheilt, wie bei der vorigen Species. Man erkennt 4 Reihen grössere, rauten herzförmige Schilder, dazwischen kleinere, rhombische, die gleichfalls gekörnt sind. Auf Taf. XII. Fig. 6 habe ich einen Abdruck von einem grösseren Schild abgebildet. Die Substanz des Schildes war entfernt.

Beide Species von Pelargorhynchus sind in den Steinbrüchen der Plattenkalke vom Arenfelde gefunden.

Ordnung: Elasmobranchii Bonap.

Unterabtheilung: PLAGIOSTOMI.

Familie: Squalidae Müll. Sippe: Scyllia Müll.

Gattung: Palaeoscyllium m.

Von Haifischen kommen wohl einzelne Theile, namentlich Zähne und Wirbel in der Westphälischen Kreide horizontal und vertikal sehr verbreitet vor; dagegen gehören vollständigere Fische der Art zu den grössten Seltenheiten. Bronn führt in seiner Lethaea von Haifischen, welche im Kreidegebirge zusammenhängendere Körpertheile hinterlassen haben, nur den Scylliodus antiquus Ag. aus der Kreide von Kent und die Thyellina angusta Münst. aus der der Westphälischen Kreide angehörigen Hügelgruppe der Baumberge zwischen Münster von Coesfeld auf.

In meinen öfter erwähnten Notizen: „Ueber einige Wirbelthiere, Crustaceen und Cephalopoden der Westphälischen Kreide“ habe ich in Zweifel gezogen, dass Thyellina angusta aus den Baumbergen herrühre, hauptsächlich deshalb, weil weder Geinitz in der Aufzählung der Versteinerungen des Deutschen Quadergebirges, noch F. A. Römer in seinen Versteinerungen des Norddeutschen Kreidegebirges, noch endlich Ferd. Römer in seinen Untersuchungen über die „Kreidebildungen Westphalens" dieses Haifisches gedenken. Wenn ich nunmehr meinen früher ausgesprochenen Zweifel zurücknehmen, so sehe ich mich dazu durch einen inzwischen in der jüngsten Westphälischen Kreide aufgefundenen Hai veranlasst, der zwar von Thyellina angusta Münst. in Grösse und Stellung der Brustflossen auffallend verschieden ist, ihm aber doch durch andere Charaktere so nahe steht, dass ich es nicht mehr für unmöglich halte, dass beide Species in Schichten von gleichem oder doch sehr naheliegenden geologischen Alter vorkommen. Dafür würde auch die Abbildung bei Agassiz sprechen, welche den Fisch mit brauner Farbe auf hellgelbem Steine darstellt, was an die Fische in den Baumbergen erinnert.

Thyellina angusta Münst. wird zu den Scyllien gerechnet, wie ich es auch mit dem mir vorliegenden Hai thue. Zunächst bestimmt mich hiezu Grösse, Habitus, dann aber auch die Kleinheit und die ungezähnelte Schneide der Zähnchen, die feine Chagrin-Haut und das Fehlen der Flossenstacheln. Vom Genus Scyllium unterscheidet sich vorliegender Fisch durch den Mangel der Nebenzähnchen an den Zähnen und durch starke Entwickelung der Brustflossen, wodurch er neben Squatina den Uebergang von den Haien zu den Rochen vermittelt. Durch letztgenanntes Merkmal weicht er auch von Thyellina angusta ab, deren Wirbel überdies höher als lang sind, während bei unserem Hai die Höhe der Länge gleichkommt. Phorcynis catulina Thiol. aus den lithographischen Schiefern des oberen Jura von Cirin in Frankreich (Thiollière, poissons fossiles du Jura dans le Bugey, I. p. 9. t. 3. f. 2) besitzt ebenfalls einige Aehnlichkeit. Doch sind auch bei diesem die Brustflossen geringer entwickelt.

Es ist nur erst ein Exemplar in beiden Gegenplatten aufgefunden. Der Fisch stellt sich in der Rückenlage, d. h. mit nach oben gerichteter Maulspalte dar; der wahrscheinlich cylindrische Körper ist verdreht, so dass nur eine Bauchflosse und ebenfalls nur eine Rückenflosse sichtbar ist.

Genus: Palaeoscyllium m.

Schnautze stumpf, gerundet. Maul einen Zoll von der Schnautzenspitze entfernt, bogenförmig gekrümmt, 1¼ Zoll weit. Zähnchen gegen eine halbe bis dreiviertel Linie hoch und eben so lang, mit rückwärts gerichteter Spitze, scharfschneidig, ohne Zähnelung und ohne Nebenzähnchen. Grosse rhomboidale Brustflossen; Bauchflossen dem vorderen Theil der Klinge eines Baummessers ähnlich geformt; die Rückenflosse, welche die hintere seyn wird, reicht bis zu der dem Beginn der Afterflosse entsprechenden Gegend.

An der Versteinerung wird nicht mit Sicherheit erkannt, ob eine von der Schwanzflosse getrennte Afterflosse vorhanden war oder nicht. Bekanntlich giebt es auch unter den dornlosen Haien, wie z. B. unter den Squatina-Arten, einige, die keine eigentliche Afterflosse besitzen, sondern eine Schwanzflosse, die sich auf eine gewisse Länge an der Ober- und Unterseite des Schwanzes fortzieht. Bei anderen Haien, wie Spinax, noch mehr bei Mustelus, zieht sich hauptsächlich der untere Lappen der Schwanzflosse soweit nach vorn, dass man eine mit der Afterflosse verschmolzene Schwanzflosse zu sehen glaubt. Dasselbe könnte bei unserem Palaeoscyllium ebenfalls der Fall seyn, wo jedoch die Schwanzflosse so viel Aehnlichkeit mit Scyllium canicula zeigt, dass ich vermuthen möchte, dass die Afterflosse wie in letzterem Fisch beschaffen war, und wohl nahe an die Schwanzflosse reichte, aber gleichwohl eine selbstständige Flosse bildete. Die Schwanzflosse ist von mässiger Grösse; der vor ihr vorliegende Abdruck ist nicht ganz deutlich; sie scheint eine sehr geringe Ausschweifung zu besitzen, und ihre Lappen werden in Grösse nicht sehr verschieden gewesen seyn.

Palaeoscyllium Decheni m. Taf. VIII. Fig. 6—9.

Die Species habe ich nach dem Herrn Ober-Berghauptmann von Dechen, dem geistreichen Geologen und gründlichsten Erforscher des heimathlichen Gebirges, mir zu benennen erlaubt, zugleich auch als ein öffentliches Zeichen meiner Dankbarkeit.

Der Fisch besitzt 16 Zoll 6 Linien Totallänge; seine grösste Höhe beträgt 1 Zoll 11,5 Linien, und zwar gleich hinter dem Kopfe, von wo dieselbe allmählich abnimmt, so dass sie am Schwanze nur noch 7 Linien misst.

Der Kopf ist bis zum ersten erkennbaren Rückenwirbel 2 Zoll lang und in dieser Gegend beinahe eben so hoch, während seine Breite in der Gegend des Maules 1 Zoll 9 Linien beträgt. Das Ende der Schnautze ist breit oval abgerundet; die Maulspalte liegt 1 Zoll davon entfernt und hat die Form eines Halbkreises von 1 Zoll Durchmesser. Von den bereits beschriebenen und Taf. VIII. Fig. 8 abgebildeten Zähnchen erkennt man ungefähr 30 mehr oder minder deutlich. Zwischen dem Maul und der Spitze der Schnautze bemerkt man auch etwas von der Chagrin-Haut. Das Stück ist fast 1 Linie breit und 9 Linien lang, fast zweimal sigmaförmig gebogen und an den Rändern wie in den Ammoniten die Loben der Kammerwände gefranset. Ich muss es unentschieden lassen, ob sich hiedurch die bei Scyllium vorkommende, die Nasenlöcher mit dem Maul verbindende Leiste zu erkennen giebt; ganz ähnliche Zeichnungen treten auch zwischen dem ersten Wirbel und dem Maul auf. Da der Kopf sich von der Unterseite darstellt, so lassen sich die Augen und Spritzlöcher ebenso wenig erkennen als die Kiemenspalten.

Man zählt gegen 120 Rückenwirbel, welche zwischen den Brustflossen 2 Linien lang und hoch, zwischen Bauch- und Rückenflossen 1,8 Linien lang und hoch sind. Die Mitte des Wirbels ist nur halb so hoch als das Ende; Taf. VIII. fig. 7.

An vielen Stellen des Körpers, namentlich auf den Flossen und am Kopf, erkennt man die Chagrin-Haut, welche aus viereckigen erhöhten Plättchen besteht (Fig. 9). An einer deutlichen Stelle erhält man für die ziemlich grossen Plättchen $^1/_{10}$ Linie Länge und $^1/_{15}$ Linie Breite. Zwischen den Brust- und Bauchflossen beschreibt der Körper einen Bogen, auch wechselt hier die Rückenlage mit der Seitenlage unter Bildung einer Reihe stark hervortretender Hautfalten. Zwischen den Brustflossen bemerkt man eine unregelmässig geformte, kreideweisse Masse, die sich bei näherer Untersuchung reich an phosphorsaurer Kalkerde erwies, und in der kleine Fischwirbel lagen. Der Körper besteht daher ohne Zweifel in Coprolithen-Masse, die noch im Innern des Fisches liegt.

Die Brustflossen fangen in einer Entfernung von ungefähr 8 Zoll von der Spitze der Schnautze an und sind unter allen Flossen am stärksten entwickelt, wodurch die Aehnlichkeit mit gewissen Rajiden-Arten unverkennbar hervortritt. Diese Flossen sind rhombisch, gegen 2 Zoll lang und nicht weniger hoch, fast durchgehends mit Chagrin bekleidet und an ihrer Einlenkung mit dunkleren Längsstreifen, welche durch Querstreifen zu anastomosiren scheinen, bedeckt. Es lässt sich hierin eine Andeutung zur Bildung von Flossenstrahlen erkennen. Auch an den Rücken- und Bauchflossen bemerkt man ähnliche, wenn auch schwächere Streifungen.

Die Bauchflossen, von denen nur die eine sichtbar ist, beginnen 4 Zoll vom Anfange der Brustflossen, sind 1 Zoll 3 Linien lang und 7 Linien hoch und besitzen, wie erwähnt, die Form des vorderen Theils von der Klinge eines Baummessers.

Die Rückenflosse, von denen ebenfalls nur die eine sichtbar ist, beginnt 8 Zoll 2 Linien von der Gegend der Einlenkung des vorderen Endes der Bauchflosse, sie ist 2 Zoll 1 Linie lang und 6 Linien hoch, und reicht bis zu der dem Beginn der Afterflosse gegenüberliegenden Stelle.

Die Afterflosse zieht sich fast bis zur Schwanzflosse, ist 8 Zoll 1 Linie lang und bei ihrem Anfang 5 Linien hoch.

Die sehr flach ausgeschnittene Schwanzflosse ist gegen 1 Zoll lang und 11 Linien hoch.

Das beschriebene Exemplar stammt aus den Steinbrüchen des Arenfeldes.

Krebse.

Dieser über die Krebse handelnde Abschnitt rührt, ebenso wie die dazugehörigen Zeichnungen, wie bereits bemerkt, von dem Bergexspectanten Herrn A. Schlüter in Breslau her. Sämmtliche hier zur Beschreibung kommende Krebse stammen aus den Steinbrüchen des Arenfeldes bei Sendenhorst.

Ordnung: [illegible]

Unterordnung: MACROURA.

Familie: Carides Latr.

Gattung: Pseudocrangon m.

Pseudocrangon tenuicaudus Schlüt. Taf. XIII. Fig. 17. 18.

Palaemon tenuicaudus v. d. Marck, in Zeitschr. d. geolog. Gesellsch., 1858. t. 6. f. 2 a—b.

Diesem zu beschreibenden Kruster liegen drei Exemplare zu Grunde. Die Schale ist bei allen Exemplaren sehr zusammengedrückt. Der Cephalothorax mit verkümmertem Stirnschnabel ist kaum halb so lang, als das Abdomen. Die Antennen sind ungefähr in derselben Linie eingelenkt; die äusseren, schräge nur ein wenig unterhalb der inneren gelegen, sind selbst nicht erhalten, wohl aber ihre überaus grossen Palpenschuppen, welche aus einem festeren Hauptblatt mit einer markirten Mittellinie und einer nach innen liegenden dünneren Fortsetzung bestanden. Die inneren Antennen, mit langen dreigliederigen Basalgliedern, am Grunde verbreitert, sondern am Aussenrande eine schmale aber dicke Schuppe ab, welche an Länge dem ersten Grundgliede gleichkommt. Jedes Endglied dieser Antennen trägt zwei verhältnissmässig lange, starke, eng gegliederte Geisseln.

Das Abdomen, welches sich in gleichen äusseren Umrissen dem Thorax anschliesst und im Verein mit diesem nur einen schwachen Bogen bildet, fällt durch seine Länge und in den hinteren Segmenten durch seine Verjüngung auf. Von ganz ungewöhnlicher Länge ist das sechste Segment, ungefähr dreimal so lang als breit und doppelt so lang wie ein vorhergehendes Glied. Ebenso stark sind die Blätter der Schwanzflosse entwickelt; die beiden äusseren gleichen sehr den grossen Palpenschuppen der Antennen.

Was die übrigen Extremitäten betrifft, so sind sie nur rudimentär erhalten. Die Thorax-Füsse sind dünn und lang. Die Afterfüsse des Abdomens, welche nur an einem Exemplar mit genügender Deutlichkeit erhalten sind, laufen in ungewöhnlich lange, scheinbar gegliederte, allmählich an Breite abnehmende Fäden aus.

Von dem grössten bekannten Exemplar (Zeitschr. der deutsch-geolog. Gesellsch., 1858. t. 6. f. 2) gebe ich Taf. XIII. Fig. 17 eine neue Zeichnung. Zum Verständnisse des kleineren, eben dort (t. 6. f. 2 a) dargestellten Stückes, dessen Original mir ebenfalls vorliegt, bemerke ich, dass auch bei diesem zu beiden Seiten des Stirnrandes die Palpenschuppen der äusseren Antennen liegen, dass aber von den Antennen selbst keine Spur wahrzunehmen ist. Zwischen diesen Blättern sind deutlich die beiden Grundglieder der inneren Antennen zu erkennen, was aus der Zeichnung nicht erhellet. Endlich ist das sechste Abdominal-Segment in der Zeichnung zu kurz gerathen.

Zu dem inzwischen noch hinzugekommenen Stück will ich noch bemerken, dass daran nur noch drei Geisseln vorhanden sind. Sie erstrecken sich in verschiedener Höhe in das Gestein hinein. Beim Blosslegen der unteren ging die oberste verloren.

Noch glaube ich darauf hinweisen zu müssen, dass bei den lebenden Crangoniden das Eingesenktseyn der inneren Antennen zwischen den äusseren nicht überall sich in derselben Durchsichtigkeit darstellt. Bei Crangon boreas Fbr. ist sie klar, aber schon bei Crangon vulgaris Fbr. werden die zugekehrten Ränder der Palpenschuppen von den inneren Antennen überdeckt.

Gattung: Peneus Fbr. 1798.

Peneus Römeri Schlüt. Taf. VII. Fig. 11. 12. Taf. XIV. Fig. 2.

Palaemon Römeri v. d. Marck, in Zeitschr. d. geolog. Gesell., 1854. t. 6. f. 1.

Körper comprimirt. Alle Exemplare haben die gleiche Lage auf der Seite.

Am Rücken des verhältnissmässig kurzen Cephalothorax erhebt sich in der Median-Ebene ein sägeförmiger Kamm, der in ein sägeförmiges, beiderseits gezahntes Rostrum fortsetzt. Die dünne glänzende Schale ist glatt. Von Sculptur bemerkt man am Vordertheil eine kurze, keilförmige, von hinten nach vorn etwa unter 45° geneigte Furche. Das grössere vorliegende Exemplar ist zu sehr in der Leberregion zerstört, um weiteres zu zeigen. An einem kleineren Stücke (Taf. VII. Fig. 11) glaube ich eine zweite, weniger scharfe, horizontale, ebenfalls kurze Furche wahrzunehmen, welche den unteren Endpunkt der ersteren berührt und sich dann weiter aufwärts nach vorn zu heben scheint. Doch ist dies sehr unsicher; ebenso ein vielleicht vorhandener Höcker.

Das erste Glied der oberen Antennen ist sehr gross und unten stark ausgebogen. Wie beim lebenden Peneus der Jetztwelt, so trägt auch der fossile an diesem Glied einen blattförmigen, behaarten Anhang, der (Taf. VII. Fig. 12) deutlich hervortritt. Bei unserer Art ist er grösser, als bei irgend einer mir bekannten lebenden. Seine gewöhnliche Länge kommt nur der des ersten Gliedes gleich, bei Peneus Römer reicht er bis an die Geisseln hinan. Die übrigen Glieder des Stieles sind viel kleiner, haben kaum ein Viertel der Länge des ersten, aber ihrer zeigt der grosse Krebs (Taf. VII. Fig. 12) drei statt zwei. Das ist sehr auffallend. Das kleine Exemplar (Taf. VII. Fig. 11), an dieser Stelle sehr verstümmelt, lässt nur zwei Glieder erkennen. Ueber die Länge der beiden, dem letzten Basalglied eingelenkten Geisseln giebt kein Exemplar Aufschluss.

Von den äusseren Antennen ist an den mir vorliegenden Stücken nichts erhalten, als das Grundglied. Die Palpenschuppe dieser Antennen ist an einem dem Mineralogischen Museum zu Breslau gehörigen Exemplar erhalten. Dies Exemplar ist das grösste mir bekannte der Art. Es hat eine Länge von 8 Zoll 8 Linien. Die Palpenschuppe misst 1 Zoll.

Die Thorax-Füsse scheinen alle von gleicher Stärke zu seyn und einfingerig (?) zu enden. Ihre Basis ist an dem grossen Exemplar mit dem Sternum aus der Schale herausgequetscht. Oberhalb dieser Stelle, wo die Schale weggebrochen ist, bemerkt man in der Masse Eindrücke von den Kiemen.

Das Abdomen ist sehr lang und gekrümmt. Das sechste Segment ist länger als die vorigen. Nur an dem grossen Exemplar finden sich Reste von den Schienen. Das kleinere (Fig. 11) zeigt die Glieder im Abdrucke. Die Schiene des ersten Gliedes scheint die des zweiten zu überdecken. An den drei ersten Gliedern fällt in Drittel Höhe ein horizontaler Eindruck auf.

Die Afterfüsse des Abdomens, gross, zweilappig, behaart, sind besonders schön an dem grossen Exemplar erhalten. Die Schwanzflosse ist gross, mit dreieckigem Mittel- und ovalem Seitenlappen.

Die Taf. XIV. Fig. 2 abgebildeten Theile, das Rostrum und 2 Geisseln eines anderen Exemplars vollständiger darstellend, wurden nachträglich von Herrn v. d. Marck beigefügt.

Gattung: Oplophorus M. Edw. 1837.

Oplophorus Marcki Schlüt. Taf. XIII. Fig. 19.

Dieser zierliche Caride, von dessen Schale nur Stirngegend und Rostrum Spuren zeigen, könnte vielleicht beim ersten Anblick nach seinen allgemeinen Umrissen für einen Peneus Römeri gehalten werden, mit dem er vergesellschaftet vorkommt, doch zeigt eine Vergleichung bald erhebliche Verschiedenheiten. Der Cephalothorax verschmälert sich nach vorn zu sehr im Gegensatze zu dem letzt beschriebenen Kruster. Der Stirnschnabel ist schmäler, trägt weniger Zähne und diese nur oben. Das Verhältniss und die Gestalt der Abdominal-Glieder ist verschieden. Am auffälligsten ist, dass die Schiene des zweiten Segments die des dritten und ersten deckt, und dass die Basalglieder der oberen Antennen sehr kurz, und ihre Geisseln lang und stark sind.

Diese Merkmale genügen, um den Krebs zunächst mit Sicherheit von den eigentlichen Peneiden zu entfernen und ihn (den Atyaden de Haan's) derjenigen Abtheilung der Cariden zu nähern, wo die Gattung Oplophorus steht. Die nähere Vergleichung mit der lebenden Art wird durch das Fehlen des hinteren und unteren Randes des Kopfbrustschildes verhindert. Von den Thorax-Füssen zeigen sich mehrfache Spuren in Abdrücken. Sie sind schlank. Durch Grösse zeichnet sich kein Paar vor den übrigen aus. Wenn der Eindruck unter der Geissel von der Palpenschuppe einer äusseren Antenne herrührt, so ragte diese, im Gegensatze zum lebenden Oplophorus typus, nicht so weit vor, wie der lange Stirnschnabel. Die Schienen der vorletzten Abdominal-Glieder laufen in der Median-Ebene in einen Dorn aus.

Familie: Astacini.

Gattung: Nymphaeops Schlüt. 1862.

Nymphaeops Sendenhorstensis Schlüt. Taf. VII. Fig. 13. 14.

Die von diesem Krebse gegebene Abbildung ist aus dem Abdruck und dem zugehörigen Gegendruck ohne sonstige Ergänzung dargestellt.

Der Cephalothorax, mit feinen runden Höckern übersät, trägt auf der Höhe des Rückens einen auf der hinteren Hälfte liegenden scharfen Einschnitt, welcher von einer Querfurche herrührt, die übrigens, wie überhaupt noch etwa sonst vorhandene Furchen, nicht zu erkennen ist, da gerade diejenigen Theile an der Schale, welche etwa von Furchen Eindrücke erhalten, an vorliegendem Stücke vielfach zerbrochen und geknickt sind. Bevor die Schale in den Stirnschnabel übergeht, zeigt sie in der Rückenlinie eine zweite scharfe Einbuchtung. Der kurze Schnabel scheint in ursprünglicher Gestalt erhalten. Vor dem Stirnschnabel liegt auf der Platte eine kräftige, noch an einem Basalgliede haftende Geissel. Etwas unterhalb tritt am Vordertheile der Schale eine ziemlich grosse, ovale, über das Rostrum hinausragende Palpenschuppe hervor. Sie ist ein wenig convex, hat eine hervorragende Rippe und ist am Oberrande fein gekerbt.

Diesem Stücke kommen an Deutlichkeit ein Paar Scheerenfüsse gleich, welche an Länge die Körperlänge des Krebses übertreffen. Die sehr schlanken Scheeren messen 18 Linien, wovon etwa 10 Linien auf die Hand kommen. Die Breite der Hand beträgt noch nicht 3 Linien. Der Innenrand der Hand ist mit scharfen, weit vorspringenden Dornen bewaffnet, welche jedoch nur an der rechten Scheere deutlich erhalten sind. Muthmasslich waren die Scheeren mit feiner Körnelung bedeckt, die man auf dem beweglichen Finger der rechten Scheere noch bemerkt. Wahrscheinlich waren die Scheeren scharfkantig. Man bemerkt noch an dem obwohl flachgedrückten Original ein oder zwei Längsleisten, freilich noch weniger deutlich als in der Zeichnung. Tibia und Femur lassen nur unterhalb der Gelenke an der Aussenseite einen Dorn erkennen. Das letzte Glied reicht bemerkenswerth weit hinten am Thorax hin. Zwischen Femur und Antennenpalpe tritt ein kleines vorderes Fusspaar hervor.

Vom Abdomen sind nur Fragmente erhalten. Am deutlichsten zeigt sich noch das zweite sattelförmige Segment, dessen seitliche Endigung glatt und kurz wie bei Nymphaeops ist.

Die systematische Stellung dieses Krebses ist höchst zweifelhaft. Als ich das beschriebene Exemplar erhielt, glaubte ich auf den ersten Blick einen Astacinen, eine Hoploparia oder Oncoparcia, vor mir zu haben. Läge wirklich eine Astacine vor, dann müsste der kleine rudimentäre Vorderfuss als der hinterste Kaufuss gedeutet werden. Bei weiterer

Bearbeitung der Platte legte ich die deutliche Palpenschuppe der äusseren Antenne bloss, wie man sie in dieser Grösse und Gestalt bei den Astacinen nicht kennt. Dies auffallende Glied an sich allein kann noch zu keiner Sonderung dieses Krebses von den Astacinen veranlassen, da es möglich ist, dass auch Astacinen mit grossen ovalen Antennen-Schuppen gefunden werden, indem einzelne Ausnahmen von der allgemeinen Regel sich immer finden. So tragen alle Cariden dieses grosse Blatt, aber die Gattung Typton des Mittelmeeres macht eine Ausnahme; ihr fehlt es. Bei den lebenden Astacinen selbst zeigt sich eine ungleiche Entwickelung der Antennen-Schuppe. Bei Homarus marinus ist sie nur in ihren Anfängen vorhanden; sie reicht kaum über das zweite Basalglied der Antennen hinaus. Ihre grösste Ausdehnung erreicht sie bei Nephrops Norwegicus, wo sie, wie bei Astacus fluviatilis, zu den Fühlfäden hinanreicht. Sonach wird auch eine Veränderung der dreieckigen Form in eine ovale weniger auffallen. Völlige Aufklärung ist erst mit weiteren Funden zu erwarten. Bis diese erfolgt, reihe ich den Kruster den Astacinen ein, und stelle ihn wegen der Form der Epimeren zu Nymphaeops. Sollte sich diese Stellung bestätigen, so würden sich danach die Merkmale dieser Gattung von selbst ergeben.

In letzter Zeit sind in der Umgebung von Sendenhorst wieder einige fossile Krebse gefunden worden, welche mich veranlassen, der Arbeit des Herrn Schlüter folgenden Zusatz beizufügen.

v. d. Marck.

Pseudocrangon tenuicaudus, Seite 69.

Es liegen jetzt Exemplare von diesem Krebse vor, welche die früheren an Vollständigkeit weit übertreffen. Taf. XIV. Fig. 4, ein auf dem Bauche liegendes Exemplar, lässt erkennen, dass der Körper nicht stark seitlich zusammengedrückt war. Der Cephalothorax ist auffallend kurz, ungefähr halb so lang als das Abdomen; dabei im Rücken sehr tief ausgeschnitten. Am vorderen Ende erkennt man einen starken, breit dreieckigen Zahn.

Die inneren Antennen sind sehr deutlich, enthalten aber nichts Neues; die äusseren fehlen auch hier, wiewohl ihre grossen Palpenschuppen deutlich überliefert sind. Das beständige Fehlen der äusseren, gewöhnlich kräftigern Antennen selbst an gut erhaltenen Exemplaren ist eine auffallende Erscheinung.

Das sechste Abdominal-Glied ist hier nicht so lang als an dem von Herrn Schlüter (Zeitschr. geolog. Gesellsch., XIV. 1862. S. 737. t. 14. f. 2) veröffentlichten Exemplar. Seine Länge beträgt die doppelte Höhe. Das zur Schwanzflosse gehörende siebente Abdominal-Glied ist dreieckig und kürzer als die Seitenblätter der Flosse. Auch dieses Exemplar zeigt die eigenthümliche Gestalt der Afterfüsse. Der Afterfuss des ersten Abdominal-Segments ist vollständig erhalten und lässt einen blattartigen Stiel, sowie einen 8 Linien langen, schwach sigmaförmig gebogenen, an Dicke bald abnehmenden, peitschenförmigen Anhang erkennen, der sehr enge gegliedert ist. Am zweiten Abdominal-Segment sieht man nur noch Reste des blattartigen Stieles.

Pseudocrangon crassicaudus m. Taf. XIV. Fig. 3.

Pseudocrangon tenuicaudus Schlüt., in Zeitschr. geolog. Gesellschaft, XIV. 1862. S. 737. t. 14. f. 4.

Dieser auch erst nach Beendigung der Schlüter'schen Arbeit gefundene, Taf. XIV. Fig. 3 abgebildete Krebs, wird die Trennung des von Herrn Schlüter (a. a. O., t. 14. f. 4) gezeichneten Krusters von Pseudocrangon tenuicaudus rechtfertigen. Dass beide demselben Genus angehören, beweist:

1. der allgemeine Habitus, namentlich das lange Abdomen;
2. die übereinstimmende Einfügung und Structur der inneren Antennen;
3. die grossen Palpenschuppen der äusseren Antennen, welche auch hier fehlen; und
4. die ähnliche Bildung der Afterfüsse.

Unser Pseudocrangon crassicaudus unterscheidet sich aber von dem zuvor beschriebenen P. tenuicaudus durch einen grösseren Cephalothorax, dessen Länge nur wenig von der des Abdomens übertroffen wird; auch ist der Cephalothorax auf dem Rücken viel weniger tief ausgeschnitten, und das sechste Abdominal-Glied, dessen Höhe der Länge fast gleich kommt, ist noch nicht doppelt so lang als das fünfte. Ueberhaupt ist das Abdomen durchweg viel kräftiger, nur scheinen die Blattanhänge des sechsten Segments nicht so entwickelt zu seyn wie bei P. tenuicaudus.

Die Afterfüsse werden an dem zuletzt aufgefundenen Exemplar nur an Andeutungen des blattartigen Stieles erkannt. Vom älteren Exemplar, an dem sie sich durch gute Erhaltung auszeichnen, sind sie bereits durch Herrn Schlüter (S. 69) beschrieben.

An dem Taf. XIV. Fig. 3 abgebildeten Exemplar ist noch etwas von dem Mastdarm mit seinem dunkelbraunen, coprolithischen Inhalt überliefert, namentlich im oberen Drittel des zweiten und dritten Abdominal-Segments; der weitere Verlauf bis zu dem After ist durch einen tiefern Eindruck angedeutet.

Gattung: Machaerophorus m.

Machaerophorus spectabilis m. Taf. XIV. Fig. 5.

Ob dieser grosse Krebs den Peneiden oder den Palämoniden zuzuzählen seyn wird, muss ich vorerst unentschieden lassen, da auch hier die Enden der Thorax-Füsse nicht erhalten und keine blattartige Anhängsel an der Basis derselben zu erkennen sind. Das ansehnliche Rostrum dürfte für einen Palämoniden sprechen, während die grosse Palpenschuppe der äusseren Antennen an die Peneiden denken lässt. Der Habitus erinnert an Oplophorus Marcki Schlüt., doch zeigt das vorliegende Exemplar so erhebliche Abweichungen, dass der Krebs in der Gattung Oplophorus M. Edw. nicht untergebracht werden kann. Der deutlich erhaltene Hinterrand des Cephalothorax erscheint gerundet, nämlich ohne irgend eine Spur eines Zahnes, der den lebenden Oplophorus bezeichnet. Nach vorn verläuft der Cephalothorax in ein langes, dünnes Rostrum, das oben an seinem Ursprunge kaum, weiter nach dem Vorderrand und unten durchaus nicht gezahnt ist. Dagegen zeigt das untere Vorderende des Cephalothorax den kräftigen, dreieckigen Zahn des Pseudocrangon tenuicaudus.

Die inneren Antennen sind gut erhalten, auch zum Theil ihre Geisseln; der Stiel ist kräftig, wie gewöhnlich gegliedert und dabei lang, während er beim lebenden Oplophorus typus M. Edw. kurz ist. Die Palpenschuppe der linken äusseren Antenne ist fast so gross als in Pseudocrangon; die Antenne selbst ist auch hier nicht zu erkennen, wenigstens möchte ich die zunächst über der Palpenschuppe liegende für die linke innere halten. Die Thorax-Füsse sind schlecht erhalten; sie sind dünn und keiner derselben zeichnet sich dadurch aus, dass er etwas stärker wäre. Das dritte, vierte und fünfte Abdominal-Segment laufen in dem Rücken nicht in einen Dorn aus; auch weicht das zweite Segment in so fern ab, als es das erste und dritte nicht überdeckt. Die vier ersten Segmente zeigen Spuren von Afterfüssen, das zweite, dritte und vierte nur den blattartigen Stiel, während das erste noch ein peitschenförmiges Anhängsel erkennen lässt; letzteres ist 8 Linien lang, an der Basis kräftig; mit der schnell abnehmenden Dicke desselben werden auch die Glieder kürzer.

Der Krebs misst von der Spitze des Rostrum bis zum Beginn der Schwanzflosse 6 Zoll 9 Linien. Der Cephalothorax ist mit dem Rostrum 3 Zoll 9 Linien lang, wovon 1 Zoll 10 Linien allein auf das Rostrum kommen, für die sechs Abdominal-Segmente bleiben dann noch 3 Zoll übrig.

Auch hier ist ein Theil des Mastdarms im oberen Drittel des zweiten bis sechsten Abdominal-Segments erhalten.

Die beiden folgenden Kruster sind so mangelhaft überliefert, dass ich nicht wage, sie in einer bekannten Gattung der Cariden unterzubringen.

Gattung: Tiche m.

Tiche astaciformis m. Taf. XIV. Fig. 6.

Von den beschriebenen Krustern der jüngsten Kreide von Sendenhorst weicht dieser Krebs erheblich ab, und erinnert auf den ersten Blick, besonders durch die Verhältnisse des

Cephalothorax, durch das kurze Abdomen und durch die Biegung des Schwanzes an den Astacus unserer Flüsse, von dem er jedoch durch die zarten Thorax-Füsse, die Form der Afterfüsse und die stark entwickelte Geissel der äusseren Antenne abweicht.

Der Cephalothorax ist 1 Zoll 8 Linien lang und 6 Linien hoch; er scheint eben so wenig wie das Abdomen zusammengedrückt zu seyn. Vom Rostrum erkennt man keine Spur; aber ein wenig hinter der Augengegend nimmt man auf der oberen Seite des Cephalothorax zwei kleine, dornförmige Hervorragungen wahr. Die inneren Fühler, deren Geisseln nicht mit Bestimmtheit zu erkennen sind, liegen über den äusseren; letztere tragen eine bis auf 17 Linien Länge zu verfolgende, kräftige Geissel, an deren Basis der Eindruck einer Palpenschuppe zu liegen scheint. Unter demselben erkennt man einen kurzen Scheerenfuss. Die übrigen Thorax-Füsse sind ebenfalls zart, aber länger und, wie bereits angeführt, nur sehr unvollständig erhalten.

Das Abdomen, dessen Segmente nicht zu unterscheiden sind, misst mit der Schwanzflosse 15 Linien Länge. Das zweite Segment hat an dem hinteren Ende im Rücken einen kurzen, dünnen, aufrechtstehenden Fortsatz, der ein Dorn seyn könnte. Der Schwanz ist stark eingebogen und lässt in der dadurch entstandenen Wölbung drei enge gegliederte Afterfüsse erkennen.

Gattung: Euryurus m.

Euryurus dubius m. Taf. XIV. Fig. 7.

Dieser kleine Krebs ist nur als undeutlicher Abdruck überliefert, der fast keinen einzigen Körpertheil scharf erkennen lässt. Dennoch glaube ich ihn wenigstens vorläufig zu den Garneelen zählen zu sollen. Die Form seines Körpers im Allgemeinen, besonders aber die den eigentlichen Garneelen zustehende Biegung des Körpers, veranlasste mich dazu.

Von der Spitze des Rostrum bis zum Ende der Schwanzflosse beträgt die Länge 2 Zoll, für die grösste Höhe erhält man 5 Linien. Am meisten scheint der Schwanz entwickelt zu seyn, der aus ovalen Lappen zusammengesetzt war, die an ihrem Ende die grösste Breite besassen. Die einzelnen Lappen sind eben so wenig wie die Abdominal-Segmente überhaupt zu erkennen. Auch die hintere Gränze des Cephalothorax ist verwischt; an seinem Vorderende bemerkt man eine dreieckige Spitze, die ich für das Rostrum halten möchte. Ausser dieser Spitze treten noch zwei kleine Spitzen vor, und auf der Seite, etwa in der Magengegend, scheint ein nach vorn gerichteter Dorn einen deutlichen Eindruck hinterlassen zu haben. Von den Antennen ist nichts erhalten, und aus den unbedeutenden Resten der Thorax-Füsse erkennt man nur, dass sie zart gewesen seyn müssen.

Pflanzen.

Die Anzahl der in dem Plattenkalk von Sendenhorst aufgefundenen vegetabilischen Reste ist zur Zeit noch unbedeutend, was hauptsächlich darin seinen Grund hat, dass die Arbeiter erst in den letzten zwei Jahren auch auf diese aufmerksam geworden sind, und sie sammeln. Es ist daher gegründete Aussicht vorhanden, dass dereinst die Flora der jüngsten Kreide-Ablagerungen Westphalens ebenso angewachsen seyn werde, wie zur Zeit die Fauna. Die ergiebigsten Steinbrüche, die zwischen Drensteinfurth und Albersloh fast unmittelbar am Wege liegen, sind zwar ausser Betrieb gesetzt. Es steht jedoch zu erwarten, dass sie Behufs Gewinnung von Material zum Wegbau bald wieder in Angriff genommen werden.

Von den Pflanzen kann man nicht, wie von den Fischen, eine ausgezeichnete Erhaltung in dem Plattenkalk von Sendenhorst rühmen. Nur wenige sind gut überliefert, und die bisher aufgefundenen Reste bestehen meist nur in unwesentlichen Theilen, die keine sichere Ermittelung der Pflanze zulassen. Es liegen Blätter oder blattartige Gebilde, und höchstens Theile vom Stamm vor, Blüthen und Früchte fehlen gänzlich. Selbst von der Nervatur der Blätter, die sonst einen guten Anhalt bietet, hat man Mühe, Spuren zu entdecken.

Wenn ich gleichwohl das vorliegende geringe Material abbilde, beschreibe und mit Namen versehe, so geschieht es, um es der Vergessenheit zu entziehen und weiterer Vergleichung zugänglich zu machen; dann aber auch um zu zeigen, dass es sich jetzt schon nachweisen lässt, dass sich die Flora dieser jüngsten Kreidebildungen ebenfalls enge an die der ältesten Tertiär-Ablagerungen anschliesst.

Plantae phanerogamae.

Angiospermae.

Ordnung: Myrtaceae.

Gattung: Eucalyptus L.

Eucalyptus inaequilatera m. Taf. XIII. Fig. 1.

Ein bis auf die abgebrochene Spitze gut erhaltenes Blatt von 4½ Zoll Länge und 1 Zoll 3 Linien Breite, kurz gestielt, ei-lanzettförmig und ganzrandig. Die Mittelrippe theilt dasselbe in zwei ungleiche Hälften, von denen die eine 6 Linien, die andere 9 Linien breit ist. Die dunkele Färbung des Abdrucks deutet auf eine dicke, vielleicht lederartige Blattsubstanz, eine Vermuthung, die auch durch die starken Randnerven unterstützt wird. Der Mittelnerv ist sehr kräftig, und von ihm gehen die Secundär-Nerven anfangs schwach bogenförmig, dann unter einem Winkel, der sich zumal auf der schmäleren Blatthälfte 45° nähert, dem Rande zu. Ob sie den Rand erreichen, lässt sich nicht erkennen; wenn es wäre, so würde meine Vermuthung, dass das Blatt zur Eucalyptus gehöre, eine kräftige Stütze erhalten. An einer Stelle der Blatthälfte im zweiten Drittheil der Höhe glaubt man eine Andeutung von einem solchen Veriauf wahrzunehmen. Die kleinen, oft quadratischen Areolae erinnern an ähnliche, welche gewissen Laurineen eigenthümlich sind, auch lässt sich überhaupt eine Aehnlichkeit mit dem Blatte von Laurus Lalages Unger nicht verkennen. Die Secundär-Nerven des Blattes letztgenannter Pflanze gehen aber durchweg unter einem spitzeren Winkel ab, und bedenkt man ferner, dass die eigenthümliche Ungleichseitigkeit besonders den Eucalypten zusteht, so wird man es gerechtfertigt finden, wenn ich das Blatt hier untergebracht habe.

Fundort: Die Plattenkalke am Wege von Drensteinfurth nach Albersloh.

Ordnung: Apocyneae.

Gattung: Nerium L.

Nerium Röhli m. Taf. XIII. Fig. 2. 3. 4.

Von allen Pflanzen-Versteinerungen, die ich aus dem Plattenkalk von Sendenhorst kenne, ist diese am besten erhalten, und daher auch leichter zu bestimmen. Sie liegt in den beiden Gegenplatten vor und besteht in einem Zoll langen Aststückchen, welches zwei kurzgestielte, gleichgestaltete Blätter trägt, von denen Fig. 2 die Unterseite und Fig. 3 die Oberseite darstellt. An der Basis beider Blattstiele sieht man noch zwei Rudimente, von denen ich es wegen mangelhafter Erhaltung ungewiss lassen muss, ob es Seitenäste sind oder ob sie einem dritten Blattstiel angehören. Die lebenden Species der Gattung Nerium zeigen zu zwei und auch zu drei stehende Blätter.

Die Blätter der fossilen Species sind 5 Zoll 3 Linien lang, schmal lanzettförmig, etwas zugespitzt, ganzrandig, mit breiten Mittelnerven und kräftigen Randnerven. Die lederartige Substanz der Blätter hinterliess auf der einen Platte eine dicke Schichte kohliger Substanz, während die Gegenplatte frei von Substanz ist, und daher deutlicher den breiten, fein wellig quer gestreiften Mittelnerven, so wie die wellenförmigen Vertiefungen der Blattsubstanz zwischen den zarten Secundär-Nerven erkennen lässt. Besonders an der mit a bezeichneten, in Fig. 4 vergrössert gezeichneten Stelle erkennt man das Verhalten des unter einem etwas spitzen Winkel austretenden, bald jedoch unter einem rechten Winkel dem Randnerven zustrebenden Secundär-Nerven, an welchen sich die kleinen Parenchym-Felder anschliessen. Die grösste Breite des Blattes beträgt 1 Zoll. An dem einen Blatte ist die Spitze fast vollständig erhalten.

Vorliegendem Blatt ist das von Heer in seinen Beiträgen zur Sächsisch-Thüringischen Braunkohlen-Flora beschriebene Blatt von Apocynophyllum neriifolium sehr ähnlich, von welchem Heer selbst sagt, dass es in Form und Nervation ganz an Nerium Oleander L. erinnere, und daher wahrscheinlich einer naheverwandten Pflanze angehört habe. Bei unserer Versteinerung ist die Aehnlichkeit mit den Blättern von Nerium-Arten noch viel auffallender, so dass ich kein Bedenken trage, sie diesem Genus anzureihen. Ich habe die Pflanzen nach dem um die Steinkohlen-Flora Westphalens sehr verdienten Herrn Hauptmann von Röhl benannt.

Vorkommen: In den Plattenkalken am Weg von Drensteinfurth nach Albersloh.

Gattung: Apocynophillum Ung.

Apocynophyllum subrepandum m. Taf. XIII Fig. 5.

Hievon liegen nur Bruchstücke zweier sehr nahestehenden, vielleicht von demselben Punkt ausgehenden Blätter vor, die überdies mangelhaft überliefert sind. Sie sind lanzettförmig, zugespitzt, von 4,5 Zoll Länge bei einer Maximal-Breite von 10 Linien. Ihre Substanz hat eine weniger dicke Kohlenmasse veranlasst, als bei der vorhergehenden Species. Von einem kräftigen Mittelnerven sieht man die Secundär-Nerven durchschnittlich unter 45° ausgehen. Es scheint auch ein Randnerv vorhanden gewesen zu seyn. Eine weitere Verzweigung der Nerven wird eben so wenig, wie die Structur der von diesen Nerven begränzten Felder wahrgenommen. Der Rand der Blätter ist etwas ausgeschweift.

Am meisten nähert sich die Form des Blattes jener, welche Unger in seiner Protogaea für die Blätter von Apocynophyllum lanceolatum aus dem miocänen, daher viel jüngeren Mergelschiefer von Radoboj in Croatien angiebt. Diese Aehnlichkeit hat mich bestimmt, bis bessere Funde sicherer darüber entscheiden lassen, unsere Pflanze bei diesem Genus unterzubringen.

Fundort: Die Plattenkalke zwischen Drensteinfurth und Albersloh.

Ordnung: Cupuliferae.

Gattung: Quercus L.

Quercus Dryandraefolia m. Taf. XIII. Fig. 6. 7.

Zwei ebenfalls sehr beschädigte Blätter, die nach dem Verlauf der Nerven und nach dem freilich nicht ganz deutlichen Umriss wohl den Eichen beizuzählen seyn dürften, denen ich sie jedoch nicht ohne Bedenken zurechne.

Die Blätter sind gestielt und von lederartiger Beschaffenheit; wenigstens haben sie eine ziemlich starke kohlige Schicht hinterlassen. Mit dem Stiel sind sie 3 Zoll 8 Linien lang und gegen 1,5 Zoll breit. Die unteren Secundär-Nerven stehen alternirend und bilden mit dem Mittelnerven einen spitzen Winkel. Die oberen Secundär-Nerven laufen bogenförmig aus. Der Umfang des Blattes war wohl winkelig buchtig mit spitzen Zähnen.

Fundort: Die Plattenkalke des Arenfeldes bei Sendenhorst.

Gymnospermae.

Ordnung: Coniferae Juss.

Unterordnung: ABIETINEAE Rich.

Gattung: Belonodendron m.

Belonodendron densifolium m. Taf. XIII. Fig. 8. 9.

Zwei allerdings sehr undeutliche Aststücke mit Nadeln besetzt, von denen das unter Fig. 8 abgebildete die Nadeln deutlich erkennen lässt. Die Rinde ist unkenntlich, an ihrer Stelle findet sich eine braunschwarze, scheinbar spiralförmig aufsteigende Masse vor. Eben so wenig ist die Terminal-Knospe erhalten. Die Nadeln stehen sehr dicht, sie sind gegen 1 Zoll 7 Linien lang, 0,5 Linien breit und zeigen nur schwache Andeutungen von einer bündelförmigen Stellung.

Fundort: Beide Exemplare stammen aus den Plattenkalken des Arenfeldes bei Sendenhorst.

Unterordnung: ARAUCARIEAE Corda.

Gattung: Araucarites Juss. Unger.

Araucarites adpressus m. Taf. XIII. Fig. 10. 11.

So lange von dieser Pflanze nur Bruchstücke beblätterter Aeste bekannt sind, ist es zweifelhaft, ob sie der Gattung Araucaria oder der Gattung Cryptomeria angehört. Erst Früchte können diese Zweifel endgültig beseitigen.

Vorläufig bestimmt mich die grosse Aehnlichkeit mit dem von Unger in seiner fossilen Flora von Sotzka angeführten und abgebildeten Araucarites Sternbergi Göpp. auch unsere Pflanze den Araucariten zuzurechnen. Allerdings ist auch eine Aehnlichkeit mit Cryptomeria primaeva Corda (bei Reuss), früher unter den Namen Geinitzia cretacea Endl., Sedites Rabenhorsti Gein., Araucarites Reichenbachi Gein. bekannt, und in den verschiedensten Kreidegebilden vom Gault bis zum oberen Quadermergel aufgefunden, nicht zu verkennen, doch dürften bei den fossilen Araucarien im Allgemeinen die Blätter dichter gestellt seyn, als bei den fossilen Cryptomerien.

Die zum Theil sichelförmig gekrümmten, scheinbar vierkantigen, mit einem starken Mittelnerven versehenen Blätter haben eine Länge von 3 bis 4 Linien. Die unteren Blätter sind herablaufend und stärker sichelförmig, die oberen weniger gebogen und schmäler; alle sind der Achse des Astes mehr oder weniger angedrückt, während die Blätter der Cryptomerien mehr abstehen.

Fundort: Die Plattenkalksteine am Weg von Drensteinfurth nach Albersloh.

Plantae cryptogamae, vasculares.

Ordnung: Calamarieae.

Gattung: Calamitopsis m.

Calamitopsis Königi m. Taf. XIII. Fig. 12.

Strenge genommen gehört diese Pflanze nicht hieher, da das Gestein der Brüche, woraus sie stammt, noch zu der eigentlichen Mucronaten-Kreide zählt. Bei der Nähe aber, in der sie sich zu den Plattenkalken am Wege von Drensteinfurth nach Alberslob findet, und bei dem nur wenig älteren geologischen Niveau, das sie einnimmt, wird es zu entschuldigen seyn, wenn ich ihrer hier gedenke.

Die Stämme dieser eigenthümlichen Pflanze sehen einem kleinen Calamiten von der Stärke unserer grösseren Equiseten ähnlich. Die grössten bisher aufgefundenen Exemplare erreichen eine Länge von 6 Zoll bei einer Dicke von 3,5 Linien. Der Stamm ist in Zwischenräumen von 8 bis 6 Linien gegliedert und so fein längs gestreift, dass man gegen 12 Streifen auf seinem Querdurchmesser zählt. Diese Streifen begränzen sich oben und unten an den einzelnen Gliedern in ähnlicher Weise, wie solches bei den Calamiten der Fall ist, doch bemerkt man keine Spuren von Scheiden oder Knoten. Der Stamm war wahrscheinlich hohl oder mit leicht verwesendem, lockerem Mark ausgefüllt, was daraus zu erhellen scheint, dass man Exemplare findet, deren noch runder Stamm innen mit Gesteinsmasse ausgefüllt, und dessen Rinde in kohlenähnliche Substanz verwandelt ist. Nach oben zu zeigen sich einige Aeste von 1,25 bis 1,75 Linie Durchmesser, die anscheinend im Quirl gestanden haben. Leider ist der Wirtelpunkt selbst undeutlich. Von Blatt- oder Fructifications-Organen ist keine Spur vorhanden.

Diese Art habe ich nach dem um die Auffindung organischer Reste der Plattenkalke seiner Heimath so verdienten Herrn Apotheker König in Sendenhorst benannt, ohne dessen freundliche Mithülfe das zu vorliegender Arbeit benutzte Material kaum hätte zusammengebracht werden können.

Fundort: Die Steinbrüche der Mucronaten-Kreide an dem Bahnhof von Drensteinfurth.

Plantae cryptogamae, cellulares.

Algae.

Isocarpeae Kütz.; Dictyoteae Kütz.

Gattung: Haliserites Strnbg.

Haliserites contortuplicatus m. Taf. XIII. Fig. 13.

Wenn ich dieser Gattung unsere im höchsten Grad undeutlichen Reste zurechne, so kann ich dafür keinen anderen Grund angeben, als die Gegenwart eines Mittelnerven auf einem linien oder linien lanzettförmigen Fucoideen-Laube.

Laub flach, 1—2 Linien breit, dichotomisch getheilt, mit feiner Mittelrippe.

Bildet unregelmässige, verworrene Massen, an deren Peripherie nur einzelne Lappen deutlicher zu erkennen sind. Der Algen-Körper selbst ist in eine schwarze, kohlige Masse verwandelt; häufig ist dieselbe jedoch abgerieben.

Fundort: Die Plattenkalke des Arenfeldes bei Sendenhorst.

Heterocarpeae Kütz.; Gigartineae Kütz.; Chondrites Strnbg.

Es dürfte schwer seyn, fossile Chondriten von fossilen Sphärococciten zu unterscheiden. Zwar sollen die ersteren cylindrisches, die letzteren dagegen flaches Laub haben; allein nach den Abdrücken, die uns in der Regel zur Untersuchung geboten sind, wird das Laub der Chondriten ebenfalls flach erscheinen. Früchte, die allein entscheiden können, kommen, wenigstens auf unseren Exemplaren, nicht vor. Aus diesem Grunde habe ich die folgenden drei Pflanzen generisch nicht trennen mögen, sondern in die Gattung Chondrites gebracht, wenngleich Ch. furcillatus Strnbg., var latior nicht wenig an fossile Sphaerococcites-Arten erinnert.

Gattung: Chondrites Strnbg.

Chondrites furcillatus Strnbg., var. latior m. Taf. XIII. Fig. 14.

Diese Alge hat grosse Aehnlichkeit mit der von A. Römer (Verst. d. Norddeutschen Kreide-Geb., t. 1. f. 1) aus dem Pläner von Rothenfeld im Teutoburger Wald abgebildeten Art, nur ist die unsrige durchgehends breiter. Das Laub ist gabelig und fingerig ästig; mitunter stehen die Aeste einseitswendig. Die Astenden sind ein wenig verdickt, wodurch die bereits angedeutete Aehnlichkeit mit der Gattung Sphaerococcus erhöht wird. Die Breite des Laubes beträgt 0,5 bis 0,75 Linien.

Die Algen-Substanz ist hier nicht in eine kohlige Masse verwandelt, sondern bildet einen helleren Abdruck auf dunklerem Gesteinsgrunde, wodurch die Pflanze einigermassen an Sphaerococcites granulatus Br. aus dem Lias-Schiefer Württemberg's erinnert.

Fundort: Die Plattenkalke in der Bauerschaft Bracht bei Sendenhorst.

Die die Plattenkalke von Sendenhorst im Alter etwas übertreffenden, ähnlichen Gesteine von Stromberg, die übrigens noch innerhalb der Abtheilung der eigentlichen Mucronaten-Schichten liegen, führen ziemlich häufig eine Alge, die ich glaube hier nicht mit Stillschweigen übergehen zu dürfen. Es ist dies

Chondrites Targionii Strnbg. Taf. XIII. Fig. 15.

Sie kommt in fast Fuss langen Exemplaren mit dichotomirenden Aesten, die einen Durchmesser von 0,8 Linien haben, vor. Die Verästelung ist einfacher, wie an dem von Bronn (Lethaea, t. 28. f. 3) abgebildeten Exemplar. Auch hier ist der Algen-Körper nicht in eine kohlige Masse umgewandelt, sondern bildet einen helleren Abdruck auf dem nur wenig dunkleren Gestein.

Chondrites Targionii Strnbg. bezeichnet bekanntlich die auf der Gränze zwischen den Kreide- und Eocän-Bildungen stehende Tang-Periode (Fucoiden-Sandstein; les grès; macigno à fucoides; Flysch), und ist in Mitteleuropa von den Pyrenäen bis zur Krim eines der verbreitetsten, oft das einzige Fossil dieser Schichten. Demnach könnte sein Auftreten in den jüngsten Mucronaten-Schichten von Stromberg auch für Westphalen die obere Gränze des Kreide-Gebirges bezeichnen, wenn nicht Formen, die dem Ch. Targionii so ähnlich sehen, dass selbst die bewährtesten Paläophytologen sie nicht zu unterscheiden vermögen, auch in älteren Kreidebildungen, z. B. im Gault und Grünsande von Wight, im oberen Grünsande von Bignor etc., ja selbst im Lias aufzutreten pflegten.

Chondrites intricatus Strnbg. Taf. XIII. Fig. 16.

Die abgebildete Alge stellt Bruchstücke von dieser Species vor. In den nördlich und südöstlich von Sendenhorst gelegenen Steinbrüchen der Plattenkalke bedecken diese Algen-Fragmente die meist dünn geschichteten Platten. Die organische Substanz derselben ist kohlenähnlich geworden, wodurch das sonst helle Gestein gefleckt und wie mit verworrenen Schriftzügen überzogen erscheint. Die Stärke der Aestchen beträgt kaum eine halbe Linie. Gabeltheilungen sind vorherrschend.

Auch diese Art ist für die Fucoideen-Schichten ebenso bezeichnend, wie Ch. Targionii.

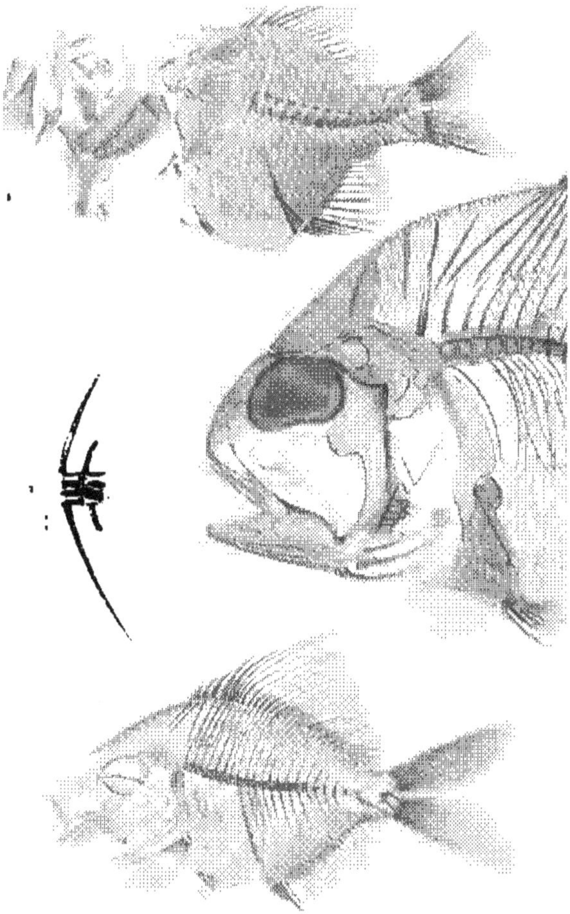

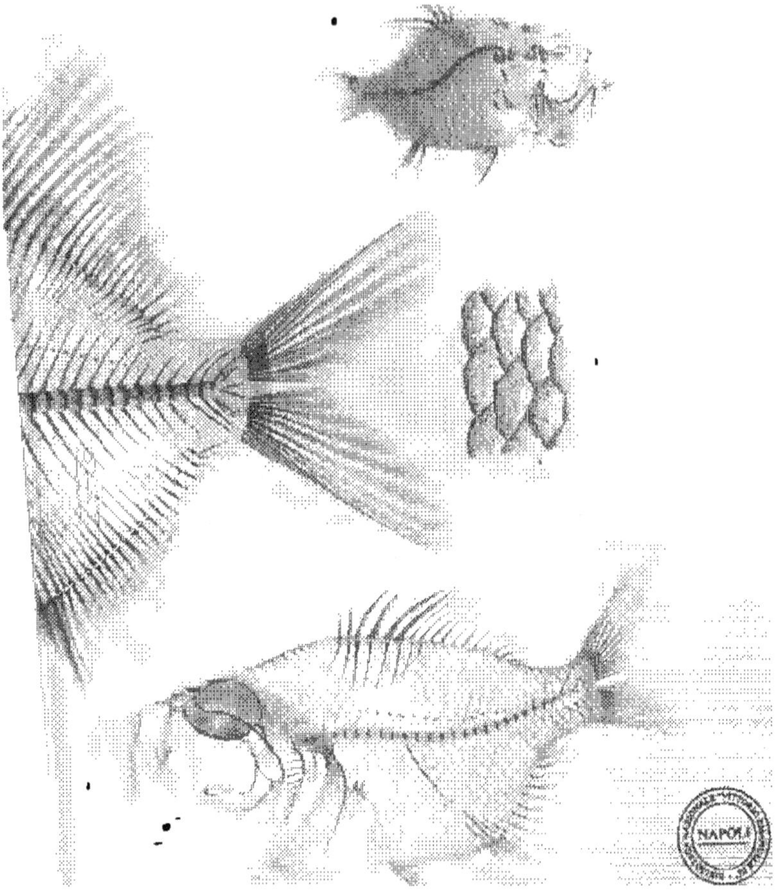

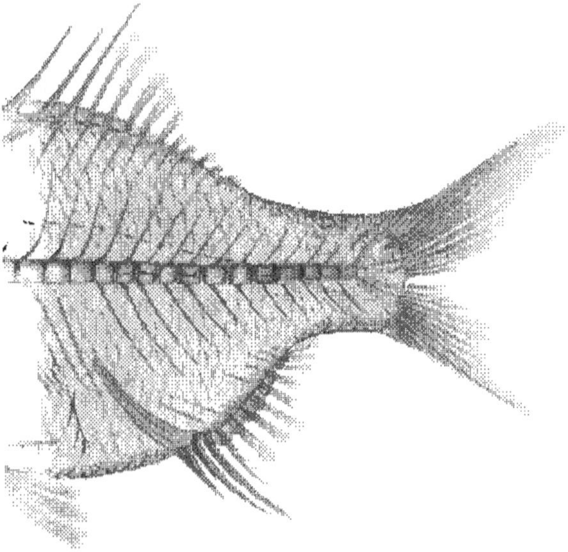

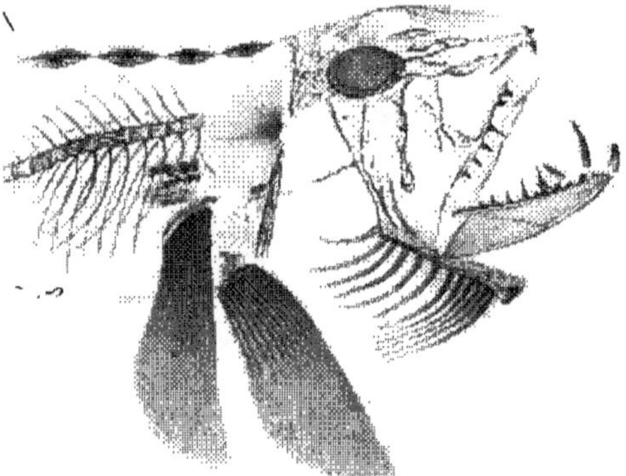

2

Fig. 1. — 2. Iethyrocephalus gracilis v. d. M.

Lithogr. u. Druck v. ... Fischer ...

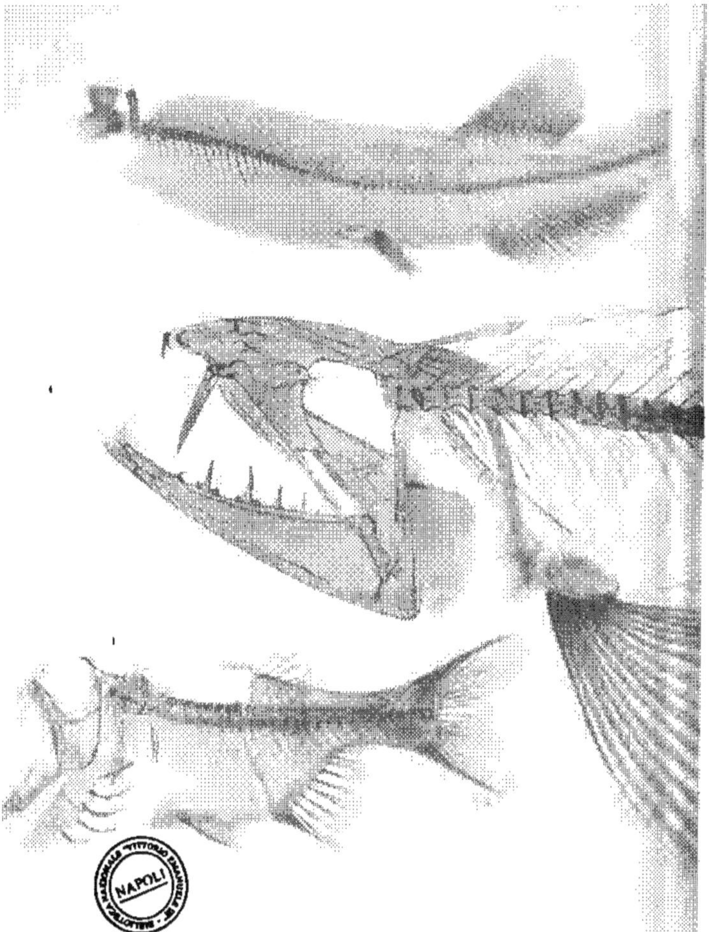

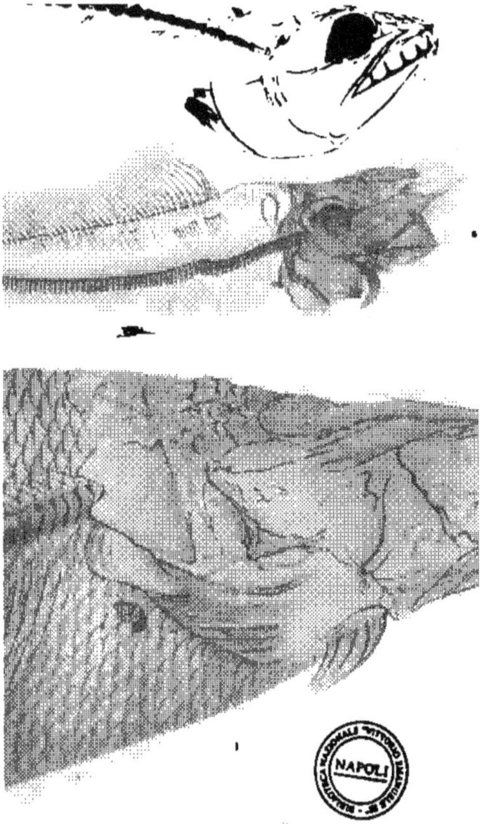

3

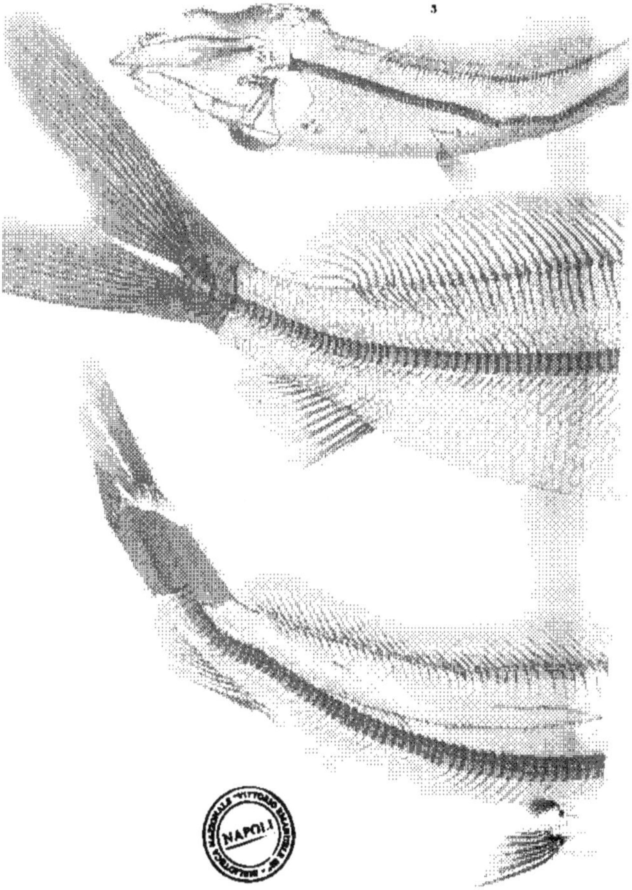

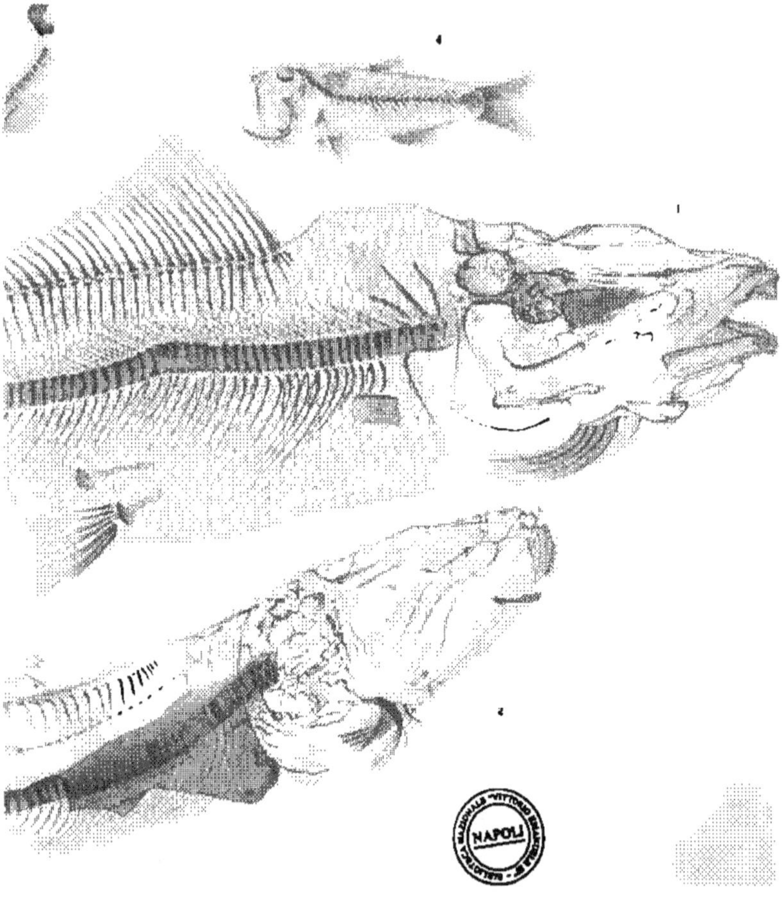

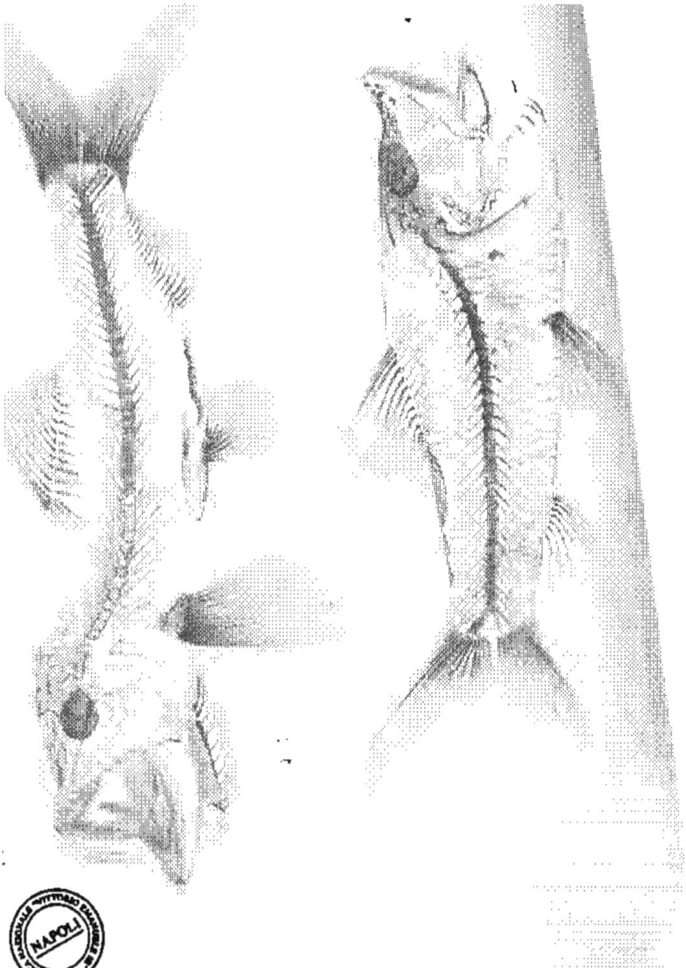

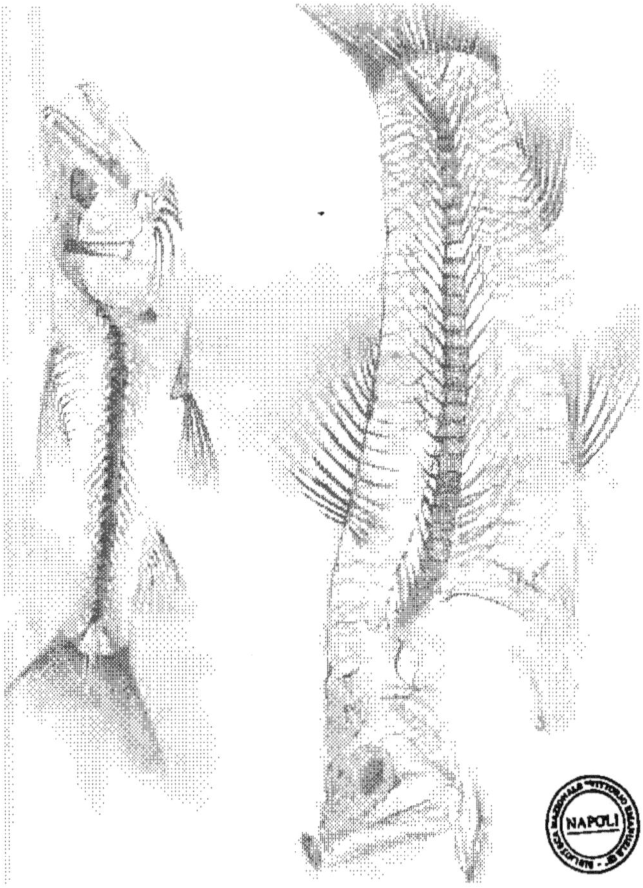

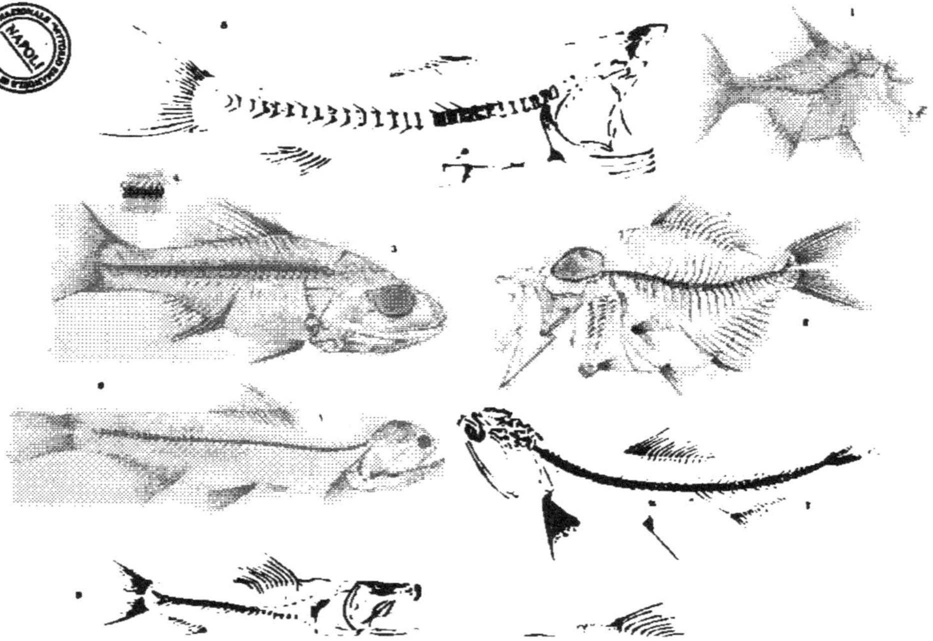

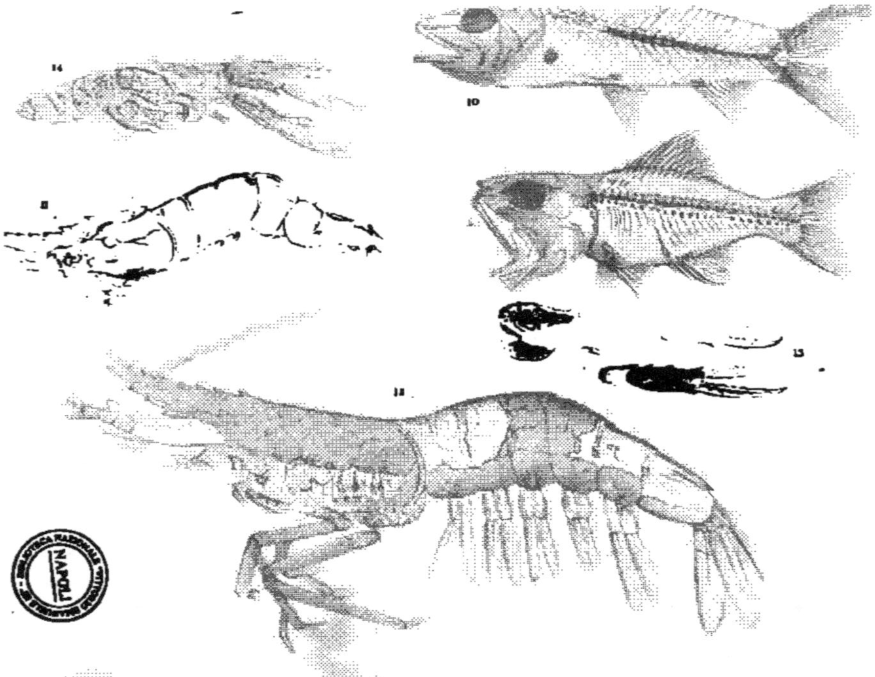

1. [illegible] v. d. M. — 2. [illegible] v. d. M. — 3. 4. 5. Sphenocephalus cataphractus v. d. M. — 6. 7. [illegible] v. d. M. — 8. Sardinioides [illegible] v. d. M. — 9. Sardinioides macrocephalus v. d. M. — 10. Sardinioides Monasterii v. d. M. — 11. 12. Penaeus [illegible] — 13. 14. Nymphaeops Sendenhorstensis Schlüt.

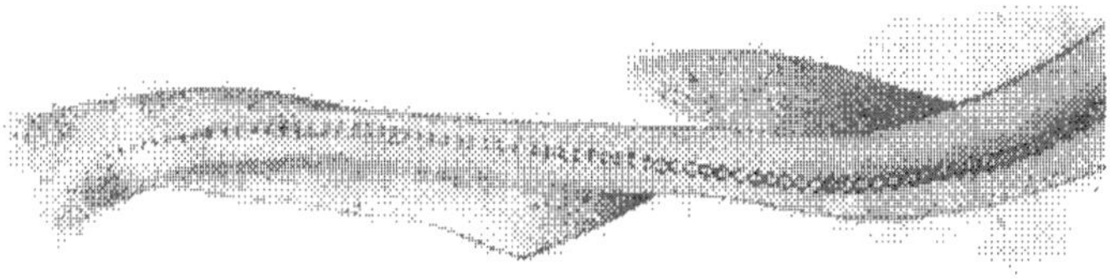

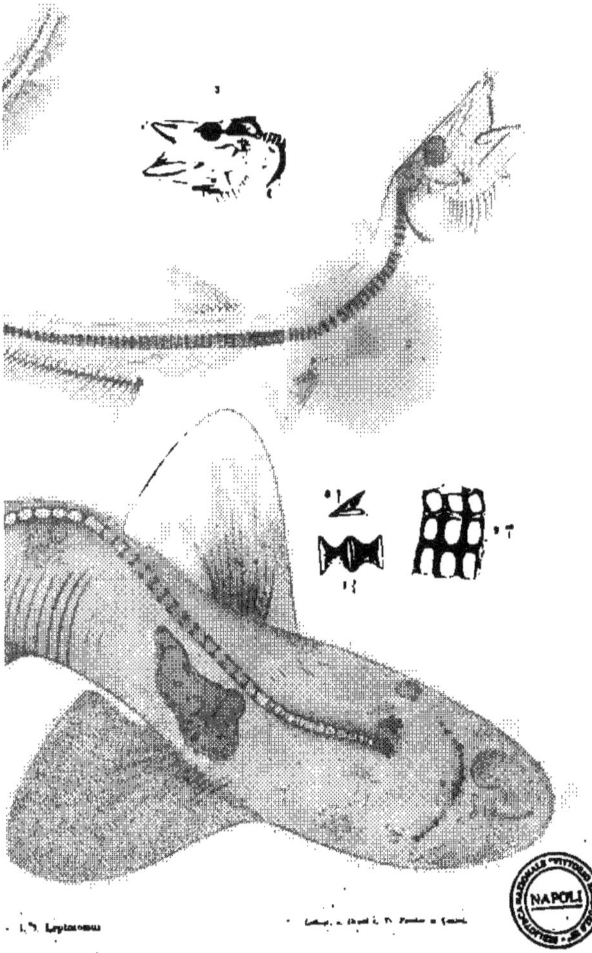

1.–9. Leptocosmus

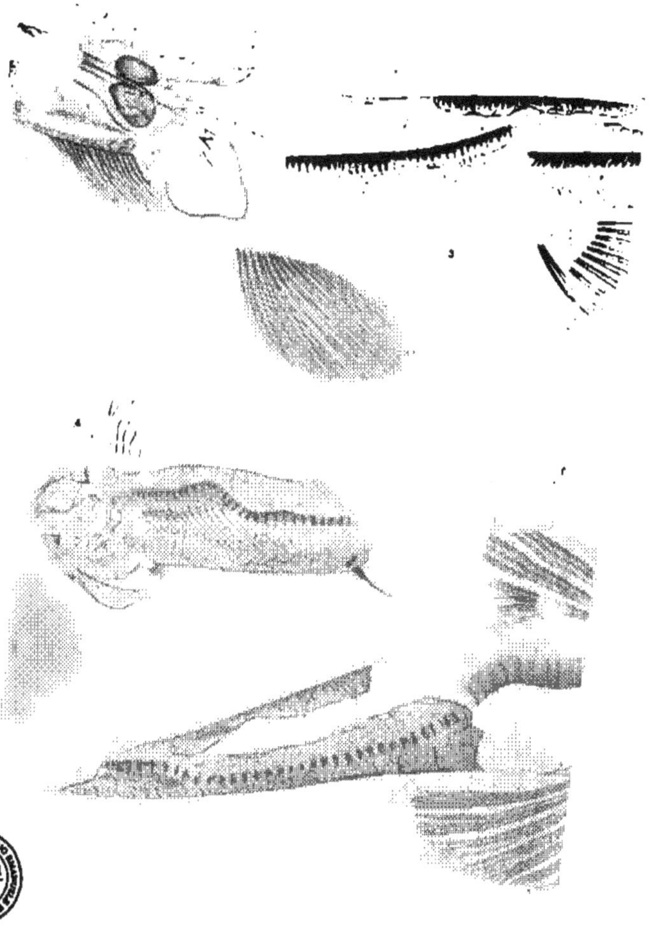

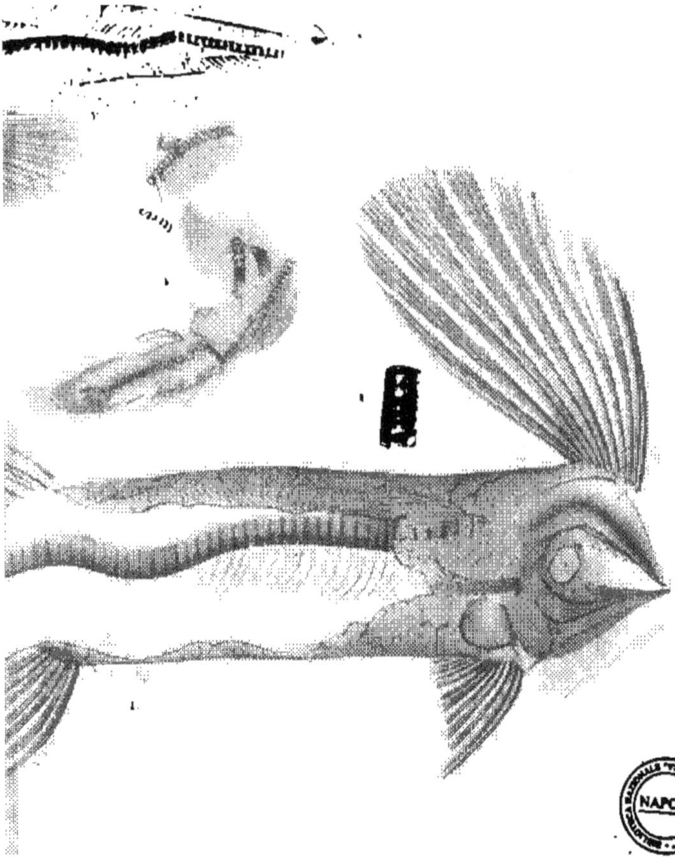

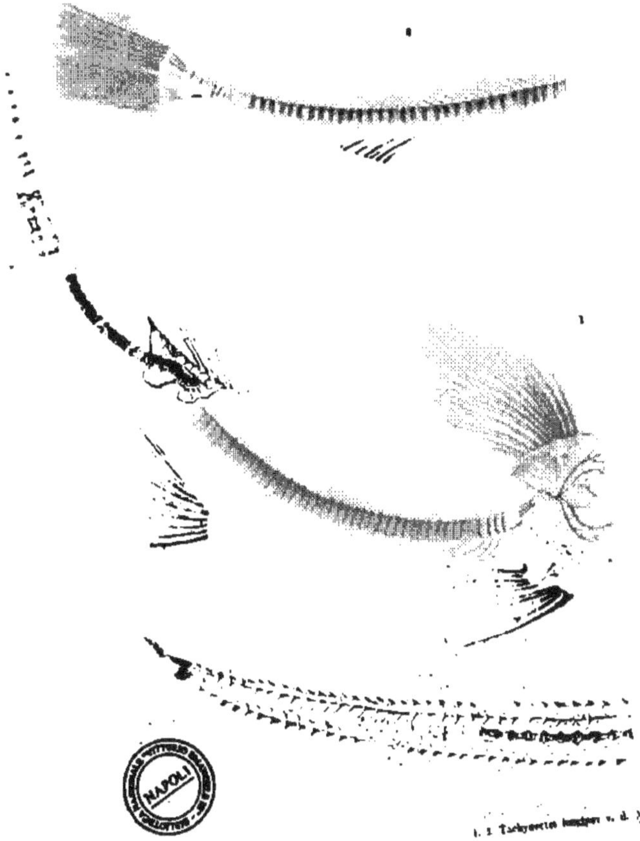

1. 2 Tachynectes longipes v. d. M.

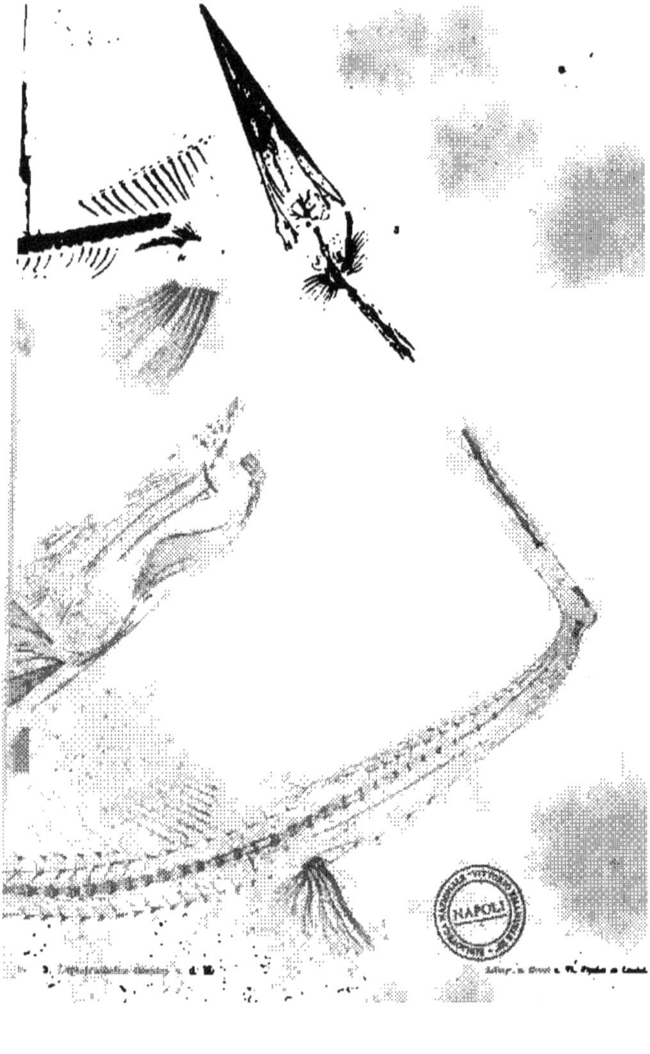

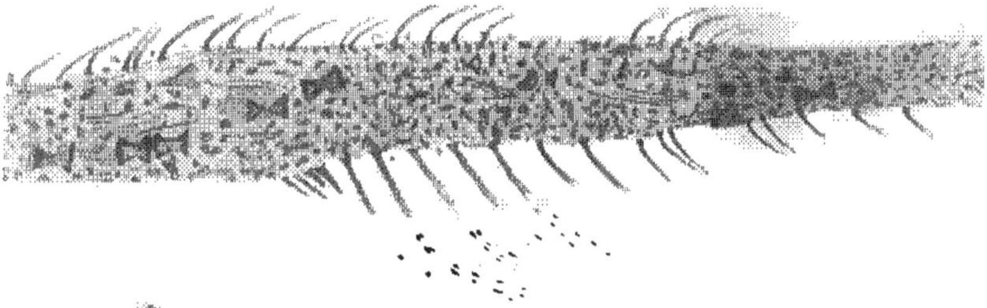

1.

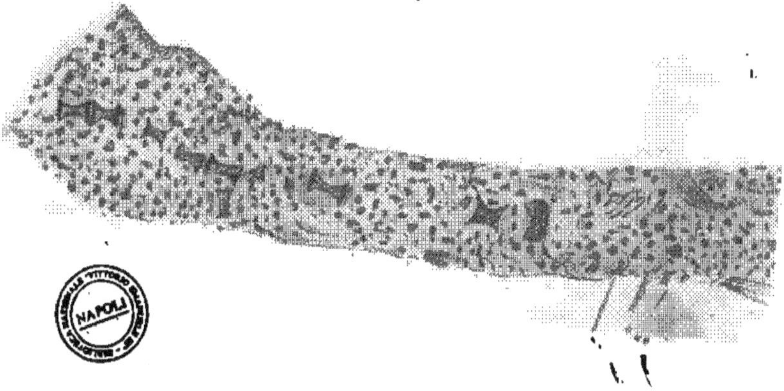

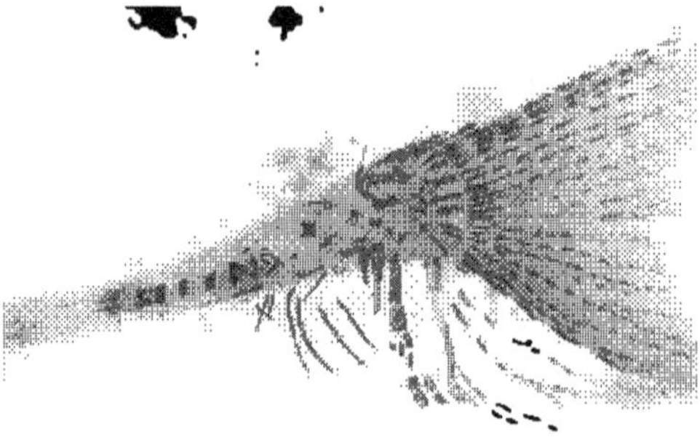

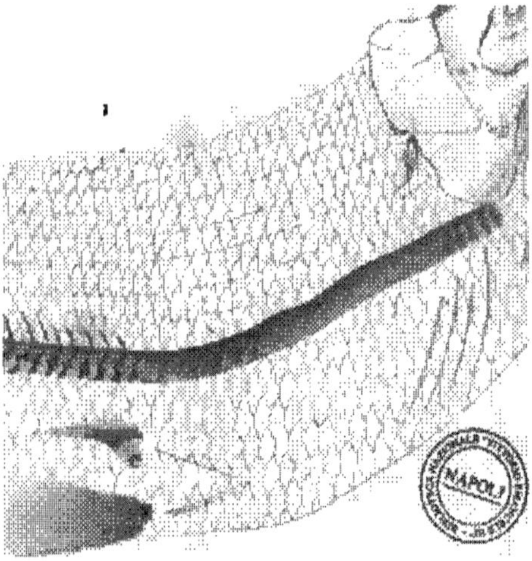

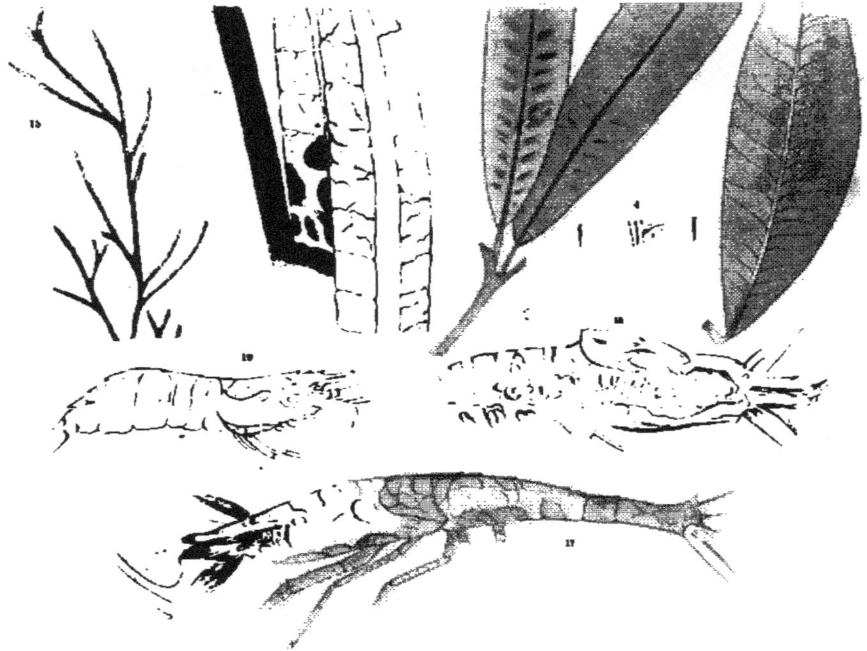

v. d. Marck pz.

1. Eucalyptus inaequilatera v. d. M. — 2. 3. 4. Nerium Röhli v. d. M. — 5. Apocynophyllum subrepandum v. d. M. — 6. 7. Quercus dryandraefolia v. d. M. — 8. 9. Belonodendron densifolium v. d. M. — 10. 11. Araucarites adpressus v. d. M. — 12. Calamosyrinx Königi v. d. M. — 13. Halyserites contortuplicatus v. d. M. — 14. Chondrites furcillatus Sternbg. var. latior v. d. M. — 15. Chondrites Targionii Sternbg. — 16. Chondrites intricatus Sternbg. — 17. Pseudocrangon tenuicaudus Schlüt. — 18. Pseudocrangon crassicaudus v. d. M. — 19. Oplophorus Marcki Schlüt.

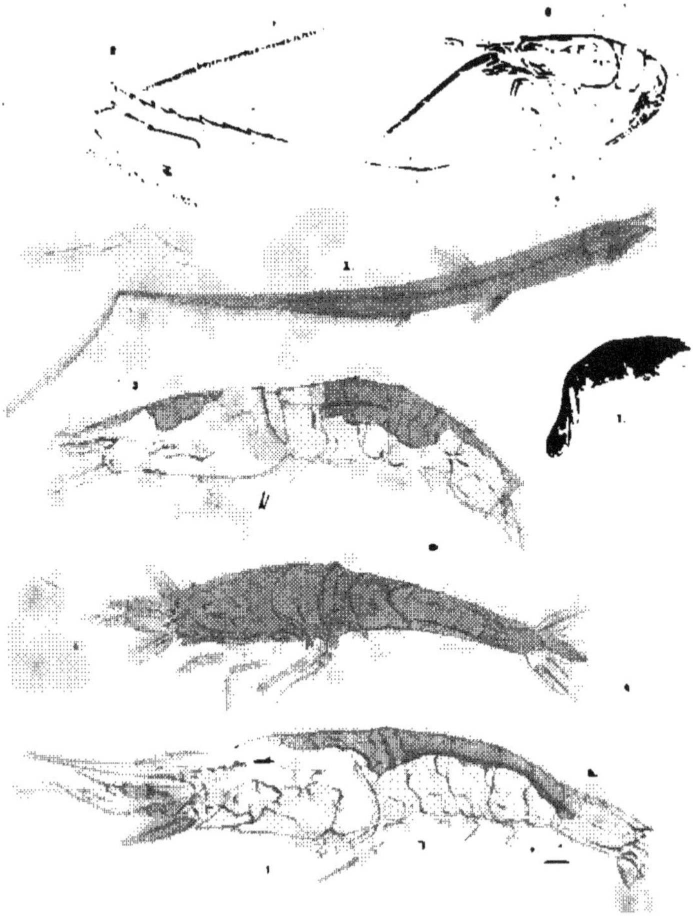

www.ingramcontent.com/pod-product-compliance
Lightning Source LLC
Chambersburg PA
CBHW021819190326
41518CB00007B/657
9783741171758